JN114321

やさしい海岸環境工学

鷲見　浩一
有田　守
武村　武
中村　倫明　共著

理工図書

はじめに

　海岸工学が社会に果たす役割は多岐にわたり，自然災害からの人命の防護，港や親水空間の整備に伴う利用性と機能の向上，海洋生物の生息場の安定化による海岸環境の保全などが挙げられる．そのため学修範囲は広範となり，土木技術者として活躍するにあたって，海岸工学についての知識の習得が極めて重要となる．

　高等教育機関での教育的な質保証においては，学修者が何を学び，身に付けることができるのかを，明確にしなくてはならない．大学への進学率が増加する状況下において，社会的要請を考慮した土木技術者を育成するために，学修者が確実に知識を獲得することのできる授業の構築を，本書の執筆の基本的な考え方とした．

　和田明先生の『やさしい水理学』は，1年間で初学者が水理学についての必要な基礎知識を確実に習得できるように，学習内容を絞り込み，分かりやすい章構成となっている．本書においても，多様な学修者が，初めて海岸環境工学を学習する機会に，半年間で海岸工学，港湾工学などについての基礎知識を分かりやすく習得することができるように，基本的な内容に章構成の的を絞った．さらに，海の波に関係する各方程式の導出に際しては，水村和正先生の『海岸海洋工学』を参考として，可能な限り誘導過程を記載した．また，世界的規模の海洋環境に関する課題に，今後，学修者が取り組むにあたっての第一歩となる基礎的な内容も著した．

　本書を執筆するにあたり，海岸工学，港湾工学についての多数の名著を参考にした．ここに，お礼を申し上げる次第である．また，本書を発刊する機会をいただいた理工図書の皆様に，心より感謝を申し上げる．

　本書が，これから土木技術者として多くの課題を解決する初学者の基礎的な

知識獲得の一助となれば幸いである.

2024 年 3 月　著者

目　次

1章　序論————————————————————————————— 1

 1.1　海岸環境工学とは　1

 1.2　海岸環境の構成要素　3

  1.2.1　海岸の地形的特徴について　3

  1.2.2　海岸域の環境について　4

  1.2.3　海岸域の環境問題　4

2章　波の基本的な性質————————————————————— 7

 2.1　波の基本諸量と波の分類　7

  2.1.1　波の基本量　7

  2.1.2　波の分類　8

 2.2　微小振幅表面波　9

 2.3　群波　18

 2.4　波のエネルギー　20

 演習問題　23

3章　波の変形 ————————————————————————— 27

 3.1　はじめに　27

 3.2　浅水変形　28

 3.3　波の屈折，回折と反射　33

  3.3.1　屈折　33

　　3.3.2　反射　38

　3.4　砕波　41

　3.5　回折　44

　演習問題　45

4章　風波の基本的性質────────────── 53

　4.1　はじめに　53

　4.2　波別解析手法　53

　4.3　不規則波の特性　55

　4.4　スペクトル解析法　57

　4.5　風波の発生・予測　59

　演習問題　62

5章　海面の変動────────────── 67

　5.1　海面変動を起こす力　67

　5.2　長周期波　67

　5.3　潮汐　69

　　5.3.1　起潮力　69

　　5.3.2　潮位の分解　70

　　5.3.3　潮位の基準面　71

　　5.3.4　港や湾の海面振動　72

　5.4　津波　73

　　5.4.1　発生メカニズム　73

　　5.4.2　津波の伝播　74

　　5.4.3　津波防災　77

　5.5　高潮　78

　　5.5.1　発生メカニズム　78

　　5.5.2　高潮防災　79

　演習問題　80

6章　沿岸域の流れと漂砂─────────────── 83

　6.1　沿岸域の流れ　83

　6.2　ラディエーション・ストレス　86

　6.3　海浜流の基礎方程式　89

　6.4　漂砂　91

　　6.4.1　海浜断面の特徴　91

　　6.4.2　漂砂の移動形態と移動限界水深　93

　6.5　海浜の平面的な地形の特徴　95

　演習問題　96

7章　海岸構造物に働く波の力─────────── 99

　7.1　円柱構造物に作用する波力　99

　7.2　ケーソンおよび捨石に働く波力　101

　　7.2.1　重複波の波圧　101

　　7.2.2　砕波の波圧　104

　7.3　捨石堤の斜面の安定性　105

　　7.3.1　捨石堤の斜面に働く力　105

　　7.3.2　ハドソンの式　106

　7.4　港湾の役割と種類　107

　　7.4.1　港湾の役割　107

　　7.4.2　港湾の種類と施設　109

　　7.4.3　港湾計画の基本と策定　111

　演習問題　114

8章　沿岸域の自然環境—————————119

8.1　沿岸域の環境　119

　8.1.1　沿岸域とは　119

　8.1.2　沿岸の地形の特徴　120

　8.1.3　干潟の特徴　121

8.2　海域の生態系　123

8.3　環境影響評価（環境アセスメント）　129

　8.3.1　環境アセスメントの制度　129

　8.3.2　ミチゲーション　130

8.4　モデルによる環境評価　132

　8.4.1　生態系モデル　132

　8.4.2　流動モデル　139

　8.4.3　マイクロプラスチックによる海洋汚染　142

　8.4.4　放射性物質による海洋汚染　146

演習問題　151

索　引—————————————155

〈この章で学ぶべきこと〉

本章では，海岸工学が，津波・高潮，海岸侵食などの自然災害からの人命の防護，空港や港の整備による海岸空間の利用，海洋プラスチックの移流特性の検討などの自然環境の保全について，これまでに社会に貢献してきた事例の概要を示す．さらに，海岸環境を構成する生物的・物理的・化学的な要素について概説する．

〈学習目標〉

- 海岸工学が社会に果たしてきた工学的な役割が理解できる
- 海岸環境を構成する生物的・物理的・化学的な要素を説明できる

1章　序論

1.1　海岸環境工学とは

　海岸工学は土木工学の1つの分野として，1940年代から現在までに波浪の発達状況，浅海域と構造物周辺での波浪変形，海岸侵食と漂砂などについての自然現象の発生機構を解明し，技術開発をすることで持続的な海岸環境を創出することに貢献してきた．国土面積の約7割が急峻な山岳地であり，海岸線の総延長が約3,400 kmおよび人間生活の場を形成する経済や文化などの営みの大部分が沿岸域でなされている我が国では，沿岸域における環境を将来にわたり維持して開発することが極めて重要である．海岸環境工学は，自然災害から人命を防護することに加えて，海岸の自然環境を保全することも実行しなければならない．したがって，海岸環境工学は持続可能な海岸環境を創造するために必要な学術分野である．

　我が国には自然環境の豊かな国土の沿岸域が多く存在する．そのため，自然
災害による影響も大きく，1959年9月に和歌山県に上陸した伊勢湾台風は風速
の増加に伴って，潮位が上昇し，愛知県に接近した時点における名古屋港の検
潮記録は約3.5 mとなり，中部地方では甚大な被害が発生した．2011年3月に
は東日本大震災での大規模な津波被害の発生により，巨大津波の来襲に対して
は津波防波堤などのハード対策の限界を補う，防災教育などのソフト対策の重
要性が明白となり，安全性の向上に配慮した災害対策の整備が実施された．こ
のように自然災害から人命を防護するために，海岸工学は海岸で発生する災害
に対する防災技術の開発に，工学的に重要な役割を果たしてきた．

　海岸工学は1970年代には海岸線の利用，防災技術の開発，大規模な埋立，発
電所の計画などに伴う沿岸域の波と流れの特性把握が必要となり，大規模工事
の施工により，経済の高度成長に大きく寄与した．1980年代は，沿岸域の自然
環境の変化に対して，海岸環境の変化を数値的に予測することにより，海岸工
学の研究成果は大きく自然環境を改善した．1990年代からは，人間生活の快適
性を海岸域に求めたウォーターフロント開発，親水性のある海岸域の開発につ
いても積極的に研究がなされ，海岸環境の保全をさらに発展させた空間の創造
が行われた．2000年以降，海岸工学分野では津波や海岸侵食などのような自然
外力に基づく現象に加えて，海洋プラスチックゴミの流動，海洋生物の生息場
環境，温室効果ガスの海洋吸収などの人間生活に伴う海岸環境の変化に対して，
課題解決のために精力的に研究が行われている．自然環境の保全に対する社会
からの要請に対して，海岸工学は防災と利用の観点のみならず，環境保全につ
いても長期間に培われた研究成果を発展させるために，先進的な研究を実施し
て社会における課題を解決している．そして，その過程において，研究による
成果を技術の開発・進化に反映させている．

　本書においての海岸環境工学とは，人間生活の自然災害からの防護と海岸空
間の利用を図りながら，海岸の自然環境を保全するための持続可能な開発を実
行しなければならないという考え方を基本としている．次節に海岸環境を構成
する種々の要素について述べる．

1.2 海岸環境の構成要素

海岸の環境は，さまざまな要素によって構成されている．はじめに，地形についての環境には，砂浜や岩場，湾などがあげられ，これらの地形は生態系や景観を構成する重要な要素である．一方，海岸における自然についての環境には，海の特徴である波や潮汐，潮流などだけでなく，藻場やサンゴ礁，塩性湿地などを生息地とする生態系があげられる．また，海岸における社会的な環境としては，海岸開発に関連する港湾や防波堤ばかりでなく，観光やレクリエーション利用，自然環境の保護などがあげられる．以下では，特に海岸の地形と自然に関する環境についての問題を記述する．

1.2.1 海岸の地形的特徴について

海岸の地形についての特徴としては，海と陸地が接する海岸線を挟んで，海側には干潟や岩礁帯，浅海域などがある．一方，陸側に目を向けると，前浜や後浜，海岸砂丘や海食崖などが広がっている．ここでは，これらの項目のいくつかについて簡単に説明し，詳細については第6章にて述べる．

海と我々が生活をしている陸地との接する場所が海岸であり，それらを結んだところが海岸線となる．この海岸線は，常にその位置や形態が変化するのが特徴である．時間的スケールが小さい場合には汀線と同義語となる．一方，国土地理院による日本の地形図上では，満潮時の陸地と海面との境界を海岸線としている．

干潟とは潮間帯に存在する湿地のことであり，底質の構成によってその特性が変わる．また，岩礁帯とは水中に隠れている岩のことであり，船舶の航行には注意が必要な場所である．

前浜とは，干潮時の汀線から満潮時の汀線までの範囲である．そこから陸側を後浜といい，一般的に砂浜と呼ばれている部分に相当する．その背後には海岸砂丘や海食崖など，崖が存在する場所もある．

1.2.2 海岸域の環境について

海岸域には砂浜や干潟，岩礁など，多様な地形的特徴があることから，さまざまな生態系を有することが知られている．干潟には，数多くの生物が存在するだけでなく，その場所に生物的・物理的・化学的な浄化機能を有していることが大きな特徴である．岩礁帯には，さまざまな貝類や魚類など，多様な生物が生息場としており，多くの魚類の産卵場としても利用されている．また，大型海草類が繁茂することにより海中林を形成する場所でもある．

一方，あまり生物が生息していないように見られる砂浜にも，確実に生態系は存在する．例えば，砂浜にはスナガニやハマダンゴムシなど小型の生物が存在するばかりでなく，海岸において線状に漂着している海草類や動物などは，陸生の生物によって利用されるとともに，栄養の供給源としても重要な役割を果たしている．

これらの環境において，海陸間の連続性の減少が懸念されている．一般に，エコトーンとは推移帯と呼ばれるエリアであり，陸域と水域の境界となる水際を指し，湖沼や河川において良く用いられるキーワードであるが，巨視的に見れば砂浜もエコトーンの1つして考えられる．砂浜生態系というエコトーンの多様性を維持するためには，異なる生態系間で栄養塩や有機物・餌等の移入が重要であるが，周辺構造物や地形の変化などにより，これらの連続性が途絶えることが問題になると考えられる．

1.2.3 海岸域の環境問題

東京湾や有明海などの内湾域では，沿岸部開発に伴う干潟や藻場の消失や，富栄養化による水環境の悪化，赤潮や青潮，また貧酸素水塊の発生などの水質問題などが環境問題としてあげられるが，いずれも閉鎖的な内湾域における問題であり，外海の海岸部では生じにくい事項ばかりである．一方，そのような海岸部においても，構造物の設置による環境変化や漂着物による汚染等の環境問題は存在する．

1) 構造物設置による環境変化

　海岸侵食とは，波や流れの作用により砂浜が侵食され，汀線が陸側に移動する現象のことであり，日本の外海に面した多くの砂浜海岸で問題となっている．最近の日本では毎年 1.6 km^2 程度，国土が失われていると報告されており [1]，国土保全のみならず，周辺住民の安全や防災などの観点からも重要な問題である．海岸侵食は，供給土砂量と流出土砂量のバランスが崩れることにより起こり，その原因は治山事業やダムの建設，沿岸部での構造物設置に伴う沿岸漂砂の遮断などがあげられる．海岸侵食により，砂浜生物の生息場所が減少すれば，それらの生存に影響を与えることになるばかりでなく，生態系の質の劣化が懸念される．

2) 漂着物

　昔から，日本各地の海岸においてさまざまな漂着物が打ち上げられているが，2000 年以降になると，漂着物にプラスチック製品が占める割合が多くなっていると報告されている [2]．これらの漂着物は景観を悪化させるだけでなく，砂浜の環境や砂浜生物の生息域を脅かすこととなる．漂着物には，プラスチック製品だけでなくゴム，木材など，種類や起源はさまざまである．さらに，場所によっては漂着するゴミが他国由来である場合もあり，漂着物は国際的な環境問題でもある．表 1.1 に千葉県における海岸漂着物組成調査の結果を示す．同表より，多種多様な漂着物が確認されていることが分かるとともに，場所により組成比が大きく異なることが分かる．例えば，布引海岸（富津市）では，自然物を除いた組成比で木材が 2 ／ 3 程度を占める割合であるが，九十九里海岸（旭市）では，プラスチックが 3 ／ 4 程度を越える割合であることが分かる．多くのプラスチックゴミは自然環境下で劣化し，波や熱などの外力により細かく砕けて小さな破片となる．小さな破片のうち，直径 5 mm 以下の破片をマイクロプラスチックと呼ぶ．多くのプラスチックゴミが漂着していることを踏まえると，砂浜には潜在的にマイクロプラスチックが存在していると考えられる．このマイクロプラスチックには，ポリ塩化ビフェニル (PCB) やダイオキシンなど，残留性有機汚染物質 (POPs) を海水中から吸着することが知られている．

表 1.1　千葉県における海岸漂着物組成調査の結果 [3]

分類名	布引海岸（富津市）			九十九里海岸・中谷里（旭市）		
	重量/kg	組成比	(参考) 自然物を除いた組成比	重量/kg	組成比	(参考) 自然物を除いた組成比
プラスチック	5.970	0.3%	11.3%	0.902	38.2%	77.8%
発泡スチロール	0.079	0.0%	0.1%	0.002	0.1%	0.2%
ゴム	0.239	0.0%	0.5%	0.016	0.7%	1.4%
ガラス，陶器	0.492	0.0%	0.9%	0	0.0%	0.0%
金属	1.181	0.1%	2.2%	0.219	9.3%	18.9%
紙，ダンボール	0	0.0%	0.0%	0.002	0.1%	0.2%
天然繊維，革	9.184	0.4%	17.4%	0.015	0.6%	1.3%
木（木材等）	35.500	1.6%	67.4%	0	0.0%	0.0%
電化製品，電子機器	0.038	0.0%	0.1%	0	0.0%	0.0%
その他	0.020	0.0%	0.0%	0.004	0.2%	0.3%
自然物	2196.220	97.7%	—	1.200	50.8%	—
合計	2248.923			2.360		

これらの物質は生物体内に蓄積しやすいことから，食物連鎖による生物濃縮が懸念されるため，発生の抑制や環境中の POPs による汚染状況の把握などが必要である．

引用・参考文献

1) 田中茂信，小荒井衛，深沢満：地形図の比較による全国の海岸線変化，海岸工学論文集，40, pp 416-420, 1993.
2) https://www.env.go.jp/press/108800.html
3) https://www.pref.chiba.lg.jp/shigen/kaigan/documents/monitoring-summary-r04.pdf

〈この章で学ぶべきこと〉

本章では，波の基本的な性質を知るために，海の波の形状の定義，水深や周期の変化に伴う波の分類について説明する．微小振幅表面波の理論に基づいて波速や波長を求める方程式を導出するとともに，波動運動に基づく水粒子の軌道，波群の移動速度と波のエネルギーなどについて学習する．

〈学習目標〉

- 海の波について相対水深に基づいて分類でき，波速や波長を算定できる
- 群速度や波のエネルギーについて理解できる

2章　波の基本的な性質

2.1　波の基本諸量と波の分類

2.1.1　波の基本量

　海で波の形状を量で知るために，波高，周期，波長などの定義が必要となる．図 2.1 に示すように，波高 H は波形の最高水位の波峰と最低水位の波谷の間の鉛直距離である．波長 L は相続く波峰（または波谷）間の水平距離である．周期 T は海面上の固定点を相続く 2 つの波峰または波谷が通過するのに要する時間である．水面波形が正弦関数で与えられる時，x の正方向に進行する波は式 (2.1) で与えられる．

$$\zeta = \frac{H}{2}\sin\left(\frac{2\pi}{L}\mathrm{x} - \frac{2\pi}{T}\mathrm{t} + \varepsilon\right) = \mathrm{a}\sin(\mathrm{kx} - \sigma\mathrm{t} + \varepsilon) \tag{2.1}$$

ここに，ζ は水面変位，a は振幅 $H/2$，k は波数 $2\pi/L$，σ は角周波数 $2\pi/T$ である．波の x 方向への進行速度は波速 C で表し，波長と周期を用いて $C = L/T$

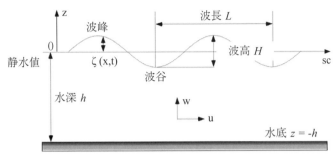

図 2.1　波の諸元の定義

となる．波形勾配は H/L と波高と波長の比で表現され，波の尖度を示す．波形勾配が小さい時に波は緩やかな形状となり，大きい時に波峰は尖る形状となる．相対水深は水深と波長の比の h/L で定義される無次元量であり，波を水深により分類する指標となる．

2.1.2　波の分類

相対水深 h/L により波は，深海波と浅海波，長波（極浅海波）に分類できる．

$h/L > 1/2$ の時 深海波

$1/2 \geq h/L > 1/25$ の時 浅海波

$1/25 \geq h/L$ の時 長波（極浅海波）

深海波は水粒子が海底面の影響を受けることなく，長波（極浅海波）では水粒子は水表面から海底面までほぼ等しい水平運動をするため海底面の影響を強く受ける．深海波と長波の間の水深を進行する波が浅海波である．

また，波は周期や周波数を用いても分類できる．図 2.2 に示すように，波動は周期により，表面張力波と重力波に大別できる．表面張力波は周期が最も短い波の運動であり，復元力として表面張力が重力に比べて大きく支配される波である．重力が復元力となり周期が 30 s 程度までの波は重力波といい，吹送する風に伴い発生し，風波とうねりからなる．周期が 30 s 程度以上の波は長周期波であり，波長が長いため波形勾配が小さい．

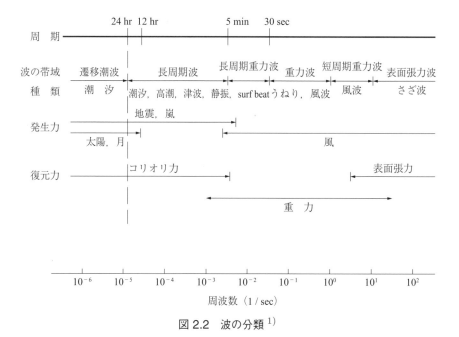

図 2.2　波の分類 [1)]

2.2　微小振幅表面波

　微小振幅表面波理論における波の物理量の式を導出することは，深海波から長波における波の基本的特性を理解する基礎となる．図 2.1 の座標系のように，x 軸を波の進行方向に，静水面を原点として鉛直上方向に z 軸とする．xz 平面の 2 次元非回転であり，渦なしであるとすると速度ポテンシャル ϕ が存在する．x, z 方向の速度をそれぞれ u,w とすると，

$$u = \frac{\partial \phi}{\partial x}, \quad w = \frac{\partial \phi}{\partial z} \tag{2.2}$$

オイラーの連続式は，

$$\frac{\partial u}{\partial x} + \frac{\partial w}{\partial z} = 0 \tag{2.3}$$

式 (2.2) を式 (2.3) に代入すると，式 (2.4) のラプラスの方程式を得る．

$$\frac{\partial^2 \phi}{\partial x^2} + \frac{\partial^2 \phi}{\partial z^2} = 0 \qquad\qquad (2.4)$$

ラプラスの方程式を解くための境界条件を考える．圧力方程式または拡張され
たベルヌーイの式は式 (2.5) で与えられ，

$$\frac{\partial \phi}{\partial t} + gz + \frac{1}{2}\left\{ \left(\frac{\partial \phi}{\partial x}\right)^2 + \left(\frac{\partial \phi}{\partial z}\right)^2 \right\} + \frac{p}{\rho} = F(t) \qquad (2.5)$$

水面変位を ζ とすると水面での圧力は大気圧 p_0 に等しいので，$z = \zeta$ において
$p = p_0 = 0$ より，式 (2.6) となる．

$$\frac{\partial \phi}{\partial t} + g\zeta + \frac{1}{2}\left\{ \left(\frac{\partial \phi}{\partial x}\right)^2 + \left(\frac{\partial \phi}{\partial z}\right)^2 \right\} = 0 \qquad (2.6)$$

式 (2.6) を水面に対する力学的境界条件という．

　図 2.3 において，時刻 t から t + Δt での水粒子の変位は，水平方向に uΔt，
鉛直方向に wΔt であり，鉛直距離 wΔt は AD + DC であるから，AD と DC
をそれぞれ求めると，

　AD は Δt 間の水面変位 $\dfrac{\partial \zeta}{\partial t}\Delta t$，DC は $\tan\angle CBD = \dfrac{DC}{u\Delta t}$ となり，変形した

DC = uΔt $\tan\angle$CBD は DC = uΔt$\dfrac{\partial \zeta}{\partial x}$ となるから，wΔt = $\dfrac{\partial \zeta}{\partial t}\Delta t$ + uΔt$\dfrac{\partial \zeta}{\partial x}$

より，w = $\dfrac{\partial \zeta}{\partial t}$ + u$\dfrac{\partial \zeta}{\partial x}$ を得る．速度ポテンシャルを用いて表すと，

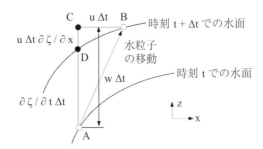

図 2.3　運動学的条件の説明

$$\frac{\partial \zeta}{\partial t} = \frac{\partial \phi}{\partial z} - \frac{\partial \phi}{\partial x}\frac{\partial \zeta}{\partial x} \tag{2.7}$$

$z = \zeta$ において式 (2.7) は成立し,同式は水面上の粒子は常に水面上に存在することを意味し,運動学的境界条件と呼ばれる.

$z = -h$ での鉛直流速成分はゼロになる.

$$w = \frac{\partial \phi}{\partial z} = 0 \tag{2.8}$$

式 (2.4) を力学的境界条件の式 (2.6),運動学的条件の式 (2.7),海底での鉛直流速成分の式 (2.8) の条件を用いて解く.

ここで,以下に示す線形波である微小振幅表面波の 3 つの性質を考える.
① 水面変動量 ζ が大変小さい
② 波動運動が緩やかで,速度の 2 乗項が無視できる
③ 水面勾配量 $\left(\dfrac{\partial \zeta}{\partial x}\right)$ が小さく,速度との積は微小である

式 (2.6) は性質 ①,② を用いて,

$$\zeta = -\frac{1}{g}\left(\frac{\partial \phi}{\partial t}\right) \quad z = 0 \tag{2.9}$$

式 (2.7) は性質 ①,③ を用いて,

$$\frac{\partial \zeta}{\partial t} = \frac{\partial \phi}{\partial z} \quad z = 0 \tag{2.10}$$

となる.ラプラスの方程式を解くために,x の正の方向に進行する波の運動を考え,

$$\phi = Z(z)\sin(kz - \sigma t) \tag{2.11}$$

と仮定する.

式 (2.11) をラプラスの方程式に代入すると,

$$\sin(kx - \sigma t)\frac{\partial^2 Z}{\partial z^2} - \sin(kx - \sigma t)k^2 Z = 0$$

$$\sin(kx - \sigma t)\left\{\frac{\partial^2 Z}{\partial z^2} - k^2 Z\right\} = 0$$

$$\frac{\partial^2 Z}{\partial z^2} - k^2 Z = 0$$

上式の一般解は，式 (2.12) となる.

$$Z = Ae^{kz} + Be^{-kz} \tag{2.12}$$

式 (2.12) を式 (2.11) に代入すると，

$$\phi = \left(Ae^{kz} + Be^{-kz}\right)\sin(kx - \sigma t) \tag{2.13}$$

を得る. 上式を $z = -h$ の水底の境界条件の式 (2.8) に代入すると，

$$\frac{\partial}{\partial z}\left\{\left(Ae^{kz} + Be^{-kz}\right)\sin(kx - \sigma t\right\} = 0,$$

$$\left(Ake^{kz} - Bke^{-kz}\right)\sin(kx - \sigma t) = 0$$

$$A = \frac{Bke^{-kz}}{ke^{kz}} = \frac{Bke^{kh}}{ke^{-kh}} = Be^{2kh}$$

式 (2.13) の A を消去すると

$$\phi = \left(Be^{2kh}e^{kz} + Be^{-kz}\right)\sin(kx - \sigma t)$$

$$= Be^{kh}\left(e^{kz+kh} + e^{-kz-kh}\right)\sin(kx - \sigma t)$$

$$\phi = Be^{kh}\left(e^{k(z+h)} + e^{-k(z+h)}\right)\sin(kx - \sigma t) \tag{2.14}$$

式 (2.14) において，双曲線関数 $\dfrac{e^{k(z+h)} + e^{-k(z+h)}}{2} = \cosh k(z+h)$ を考慮すると，

$$\phi = 2Be^{kh}\cosh k(z+h)\sin(kx - \sigma t) \tag{2.15}$$

式 (2.9) に式 (2.15) を代入すると，

$$\zeta = \frac{2B\sigma e^{kh}}{g}\cosh k(z+h)\cos(kx - \sigma t)$$

上式に式 (2.9) の成立条件である $z = 0$ を適用すると,

$$\zeta = \frac{2B\sigma e^{kh}}{g} \cosh kh \cos(kx - \sigma t) \tag{2.16}$$

水面形の波形として,

$$\zeta = \frac{H}{2} \cos(kx - \sigma t) \tag{2.17}$$

式 (2.16) と式 (2.17) の係数を比較すると,

$$\frac{H}{2} = \frac{2B\sigma e^{kh}}{g} \cosh kh, \quad 2Be^{kh} = \frac{Hg}{2\sigma \cosh kh}$$

上式を式 (2.15) に代入すると,

$$\phi = \frac{Hg}{2} \frac{\cosh k(z+h)}{\sigma \cosh kh} \sin(kx - \sigma t) \tag{2.18}$$

式 (2.18) がラプラス方程式の解である. 波速の方程式を導出するにあたって, 式 (2.9) と式 (2.10) を再出し, ζ を消去する.

$$\zeta = -\frac{1}{g}\left(\frac{\partial \phi}{\partial t}\right) \quad z = 0 \tag{2.9}（再掲）$$

$$\frac{\partial \zeta}{\partial t} = \frac{\partial \phi}{\partial z} \quad z = 0 \tag{2.10}（再掲）$$

$$\frac{\partial^2 \phi}{\partial t^2} + g\frac{\partial \phi}{\partial z} = 0 \tag{2.19}$$

式 (2.19) に式 (2.18) を代入すると,

$$\frac{\partial^2}{\partial t^2}\left\{\frac{Hg}{2}\frac{\cosh k(z+h)}{\sigma \cosh kh}\sin(kx - \sigma t)\right\}$$
$$+ g\frac{\partial}{\partial z}\left\{\frac{Hg}{2}\frac{\cosh k(h+z)}{\sigma \cosh kh}\sin(kx - \sigma t)\right\} = 0$$

を得る. まず, 上式の第 1 項は,

$$\frac{\partial}{\partial t}\left\{\frac{Hg(-\sigma)}{2} \cdot \frac{\cosh k(z+h)}{\sigma \cosh kh} \cdot \cos(kx - \sigma t)\right\}$$

$$= -\frac{Hg\sigma}{2}\frac{\cosh \mathrm{k}(z+h)}{\cosh \mathrm{k}h}\cdot \sin(\mathrm{kx}-\sigma\mathrm{t}) = -\frac{Hg\sigma}{2}\sin(\mathrm{kx}-\sigma\mathrm{t})$$

第 2 項は式 (2.9)，式 (2.10) が成立する条件 z = 0 を用いて，

$$\mathrm{g}\left\{\frac{Hg}{2}\frac{\mathrm{k}\sinh \mathrm{k}(h+z)}{\sigma \cosh \mathrm{k}h}\cdot \sin(\mathrm{kx}-\sigma\mathrm{t})\right\}$$
$$= \frac{Hg^2\mathrm{k}}{2\sigma}\tanh \mathrm{k}h\cdot \sin(\mathrm{kx}-\sigma\mathrm{t})$$

したがって，式 (2.19) は，

$$-\frac{Hg\sigma}{2}\sin(\mathrm{kx}-\sigma\mathrm{t}) + \frac{Hg^2\mathrm{k}}{2\sigma}\tanh \mathrm{k}h\cdot \sin(\mathrm{kx}-\sigma\mathrm{t}) = 0$$

となる．上式の両辺に -2σ を掛けると，

$$Hg\sin(\mathrm{kx}-\sigma\mathrm{t})\cdot \{\sigma^2 - \mathrm{gk}\tanh \mathrm{k}h\} = 0$$

したがって，式 (2.20) を得る．

$$\sigma^2 - \mathrm{gk}\tanh \mathrm{k}h = 0 \tag{2.20}$$

式 (2.20) を分散関係式という．x 方向への波の進行速度の波速 C は波長と周期を用いて $C = L/T = \sigma/\mathrm{k}$ であるから，式 (2.20) は $\mathrm{k} = \dfrac{\sigma^2}{\mathrm{g}\tanh \mathrm{k}h}$ を考慮すると，

$$C = \frac{\sigma}{\mathrm{k}} = \sigma \cdot \frac{\mathrm{g}\tanh \mathrm{k}h}{\sigma^2} = \frac{\mathrm{g}\tanh \mathrm{k}h}{\sigma} \tag{2.20a}$$

式 (2.20a) に $\sigma = \mathrm{k}C$ を代入すると，

$$C = \frac{\mathrm{g}}{\mathrm{k}C}\tanh \mathrm{k}h, \quad C = \sqrt{\frac{\mathrm{g}}{\mathrm{k}}\tanh \mathrm{k}h} = \sqrt{\frac{\mathrm{g}L}{2\pi}\tanh \frac{2\pi h}{L}} \tag{2.21}$$

波速が水深と波長によって定まることを上式は示している．双曲線関数 $\tanh \mathrm{k}h = \sinh \mathrm{k}h/\cosh \mathrm{k}h$ であり，

$$\tanh \mathrm{k}h = \frac{\mathrm{e}^{\mathrm{k}h} - \mathrm{e}^{-\mathrm{k}h}}{\mathrm{e}^{\mathrm{k}h} + \mathrm{e}^{-\mathrm{k}h}} \tag{2.22}$$

となる. 深海波の場合, $h/L > 1/2$ であるから,

$$\tanh \frac{2\pi h}{L} \fallingdotseq 1$$

であり,

$$C = \sqrt{\frac{\mathrm{g}L}{2\pi}} \qquad (2.23)$$

式 (2.23) は深海波の波速である. 長波の場合, $h/L < 1/25$ であるから,

$$\tanh \frac{2\pi h}{L} \fallingdotseq \frac{2\pi h}{L}$$

となり,

$$C = \sqrt{\frac{\mathrm{g}L}{2\pi} \tanh \frac{2\pi h}{L}} \fallingdotseq \sqrt{\frac{\mathrm{g}L}{2\pi} \frac{2\pi h}{L}} = \sqrt{\mathrm{g}h} \qquad (2.24)$$

が得られる.

　長波の波長は, 式 (2.25) のようになる.

$$L = \sqrt{\mathrm{g}h}\,\mathrm{T} \qquad (2.25)$$

式 (2.21) へ $L = CT$ を適用して,

$$C = \sqrt{\frac{\mathrm{g}CT}{2\pi} \tanh \frac{2\pi h}{L}}$$

を求め, さらに両辺を二乗し C で除すと,

$$C = \frac{\mathrm{g}T}{2\pi} \tanh \frac{2\pi h}{L} \qquad (2.26)$$

となり, 上式へ $C = L/T$ を代入すると,

$$L = \frac{\mathrm{g}T^2}{2\pi} \tanh \frac{2\pi h}{L} \qquad (2.27)$$

式 (2.26) と式 (2.27) がそれぞれ浅海波の波速と波長を表す.

　式 (2.23) の誘導の際に考慮したように，深海波では $h/L > 1/2$ の場合に

$$\tanh \frac{2\pi h}{L} \fallingdotseq 1$$

となるから，式 (2.26) と式 (2.27) にそれぞれに適用すると，

$$C_0 = \frac{gT}{2\pi} \tag{2.28}$$

$$L_0 = \frac{gT^2}{2\pi} \tag{2.29}$$

深海波の波速と波長は，それぞれ式 (2.28) と式 (2.29) のようになる．深海波の波速や波表などを表す際には，添え字で 0 を付記する．

　x, z 方向の水粒子速度 u, w を示す方程式を導出する．

$$u = \frac{\partial \phi}{\partial x} = \frac{\partial}{\partial x} \left\{ \frac{Hg}{2} \frac{\cosh k(z+h)}{\sigma \cosh kh} \cdot \sin(kx - \sigma t) \right\} \tag{2.30}$$

分散関係式の式 (2.20) を変形し，式 (2.29) に代入すると，

$$\frac{1}{\cosh kh} = \frac{\sigma^2}{gk \sinh kh} \quad \text{を考慮して}$$

$$u = \frac{\partial}{\partial x} \left\{ \frac{H\sigma}{2k} \cdot \frac{\cosh k(z+h)}{\sinh kh} \cdot \sin(kx - \sigma t) \right\}$$

$$= \frac{H\sigma}{2} \frac{\cosh k(z+h)}{\sinh kh} \cdot \cos(kx - \sigma t) \tag{2.31}$$

z 方向の速度成分 w は式 (2.32) のようになる．

$$w = \frac{\partial \phi}{\partial z}$$

$$= \frac{\partial}{\partial z} \left\{ \frac{H\sigma}{2k} \cdot \frac{\cosh k(z+h)}{\sinh kh} \cdot \sin(kx - \sigma t) \right\}$$

$$= \frac{H\sigma}{2} \frac{\sinh k(z+h)}{\sinh kh} \cdot \sin(kx - \sigma t) \tag{2.32}$$

式 (2.31) と式 (2.32) より，u と w では $\pi/2$ の位相が異なることが分かる．流体粒子の平均位置 $(\bar{x}, \bar{z})$ からの水平変位を ξ，鉛直変位を η とすると，

$$u = \frac{\partial \xi}{\partial t} = \frac{H\sigma}{2} \frac{\cosh k(h + \bar{z})}{\sinh kh} \cdot \cos(k\bar{x} - \sigma t)$$

$$w = \frac{\partial \eta}{\partial t} = \frac{H\sigma}{2} \frac{\sinh k(h + \bar{z})}{\sinh kh} \cdot \sin(k\bar{x} - \sigma t)$$

(x, z) の代わりに $(\bar{x}, \bar{z})$ としたのは，微小振幅であるので，このような置き換えによる誤差は無視できるからである．上式を積分すると次式を得る．

$$\xi = -\frac{H}{2} \frac{\cosh k(h + \bar{z})}{\sinh kh} \cdot \sin(k\bar{x} - \sigma t) = x - \bar{x} \tag{2.33}$$

$$\eta = \frac{H}{2} \frac{\sinh k(h + \bar{z})}{\sinh kh} \cdot \cos(k\bar{x} - \sigma t) = z - \bar{z} \tag{2.34}$$

$\sin^2(kx - \sigma t) + \cos^2(kx - \sigma t) = 1$ に式 (2.33) と式 (2.34) を代入すると，

$$\left\{ \frac{x - \bar{x}}{\dfrac{H}{2} \dfrac{\cosh k(\bar{z} + h)}{\sinh kh}} \right\}^2 + \left\{ \frac{z - \bar{z}}{\dfrac{H}{2} \dfrac{\sinh k(\bar{z} + h)}{\sinh kh}} \right\}^2 = 1 \tag{2.35}$$

式 (2.35) が求まる．

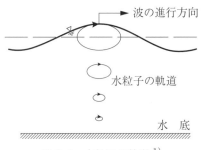

図 2.4　水粒子の軌道 [1]

　これは水粒子は楕円軌道となり，長軸半径が $\dfrac{H\cosh k(\bar{z} + h)}{2\sinh kh}$ であり，短軸半径が $\dfrac{H\sinh k(\bar{z} + h)}{2\sinh kh}$ となることを示している．$\dfrac{u}{\zeta} > 0$ であるから，$\zeta > 0$ の時 $u > 0$，$\zeta < 0$ の時 $u < 0$ となる．これは水面が平均水位より上にある時は，水粒子は x 軸の正の方向（波の進行方向）に運動し，水面が平均水位より

も下にある時は，水粒子は x 軸の負方向（波の進行方向とは逆）に運動することを示している.

2.3　群波

　同じ振幅の波があり，波長，周期が異なる微小振幅表面波をそれぞれ ζ_1，ζ_2 とすると，$\zeta_1 = \dfrac{H}{2}\cos(k_1 x - \sigma_1 t)$，$\zeta_2 = \dfrac{H}{2}\cos(k_2 x - \sigma_2 t)$ となる.
　これらを重ね合わせると，

$$\zeta = \zeta_1 + \zeta_2 = \frac{H}{2}\cos(k_1 x - \sigma_1 t) + \frac{H}{2}\cos(k_2 x - \sigma_2 t) \tag{2.36}$$

ここで，三角関数の公式を参照すると，

$$\cos(\alpha + \beta) + \cos(\alpha - \beta) = (\cos\alpha\cos\beta - \sin\alpha\sin\beta)$$
$$+ (\cos\alpha\cos\beta + \sin\alpha\sin\beta)$$
$$= 2\cos\alpha\cos\beta$$

$\alpha + \beta = A$, $\alpha - \beta = B$ とおくと，$\alpha = \dfrac{A+B}{2}$, $\beta = \dfrac{A-B}{2}$ であるから，$\cos A + \cos B = 2\cos\dfrac{A+B}{2}\cos\dfrac{A-B}{2}$ を考慮すると式 (2.36) は以下のようになる.

$$\zeta = 2\frac{H}{2}\cos\left\{\frac{1}{2}(k_1 x - \sigma_1 t) + \frac{1}{2}(k_2 x - \sigma_2 t)\right\}$$
$$\times \cos\left\{\frac{1}{2}(k_1 x - \sigma_1 t) - \frac{1}{2}(k_2 x - \sigma_2 t)\right\}$$
$$= H\cos\left(\frac{k_1 + k_2}{2}x - \frac{\sigma_1 + \sigma_2}{2}t\right) \times \cos\left(\frac{k_1 - k_2}{2}x - \frac{\sigma_1 - \sigma_2}{2}t\right) \tag{2.37}$$

図 2.5 に示すように振幅 $a = H\cos\left(\dfrac{k_1 - k_2}{2}x - \dfrac{\sigma_1 - \sigma_2}{2}t\right)$，波長 $L = \dfrac{2\pi}{k} =$

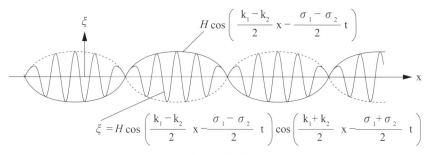

図 2.5　群波

$2\pi\dfrac{2}{k_1+k_2}=\dfrac{4\pi}{k_1+k_2}$, 周期 $T=\dfrac{2\pi}{\sigma}=2\pi\dfrac{2}{\sigma_1+\sigma_2}=\dfrac{4\pi}{\sigma_1+\sigma_2}$ を持つ波が式 (2.37) である.

$k_1\approx k_2$, $\sigma_1\approx\sigma_2$ とすると,

$$\cos\left(\frac{k_1-k_2}{2}x-\frac{\sigma_1-\sigma_2}{2}t\right)\gg\cos\left(\frac{k_1+k_2}{2}x-\frac{\sigma_1+\sigma_2}{2}t\right)$$

であり, 波長に大きな差が生じる波形に包絡されるように波高が 0 から H まで変化する波の群によって成立しているのが式 (2.37) で示される群波である. 群波の進行速度を群速度 Cg という. $C=\sigma/k$ と同様に,

$$Cg=\frac{\sigma'}{k'}=\frac{\sigma_1-\sigma_2}{2}\frac{2}{k_1-k_2}=\frac{\sigma_1-\sigma_2}{k_1-k_2}\tag{2.38}$$

この速度 Cg で移動する座標系において, 長さ $L'=\dfrac{2\pi}{k'}=\dfrac{4\pi}{|k_1-k_2|}$ の間では, 波長の短い要素波が振幅を変化させながら次々に伝播していく. この L' の区間に含まれる波の状態, すなわち波のエネルギーは変化しない. したがって, 波のエネルギーは, Cg の速度で輸送される.

$$Cg=\frac{\sigma_1-\sigma_2}{k_1-k_2}=\frac{\mathrm{d}\sigma}{\mathrm{d}k}\tag{2.39}$$

個々の波の波速より, $\sigma=Ck$ を式 (2.38) に代入して積の微分法を適用すると,

$$Cg=\frac{\mathrm{d}(Ck)}{\mathrm{d}k}=C+k\frac{\mathrm{d}C}{\mathrm{d}k}\tag{2.40}$$

波速 C は $C = \sqrt{\dfrac{\mathrm{g}}{\mathrm{k}} \tanh \mathrm{k}h}$ の両辺に対数をとると，

$$\log C = \frac{1}{2} \log \left(\frac{\mathrm{g}}{\mathrm{k}} \tanh \mathrm{k}h \right) = \frac{1}{2} \{\log \mathrm{g} - \log \mathrm{k} + \log(\tanh \mathrm{k}h)\}$$

両辺を k で微分して，$\sinh 2\alpha = 2 \sinh\alpha \cosh\alpha$ を考慮すると，式 (2.40) を得る．

$$\frac{\mathrm{d}(\log C)}{\mathrm{dk}} = \frac{1}{2} \left\{ -\frac{1}{\mathrm{k}} + \frac{1}{\tanh \mathrm{k}h} \frac{\mathrm{d}(\tanh \mathrm{k}h)}{\mathrm{dk}} \right\}$$

$$\frac{\mathrm{d}C}{\mathrm{dk}} = \frac{C}{2} \left(-\frac{1}{\mathrm{k}} + \frac{\cosh \mathrm{k}h}{\sinh \mathrm{k}h} \frac{h}{\cosh^2 \mathrm{k}h} \right)$$

$$= \frac{C}{2} \left(-\frac{1}{\mathrm{k}} + \frac{h}{\sinh \mathrm{k}h \cosh \mathrm{k}h} \right)$$

$$= \frac{C}{2} \left(-\frac{1}{\mathrm{k}} + \frac{2h}{\sinh 2\mathrm{k}h} \right) \tag{2.41}$$

式 (2.40) へ式 (2.41) を代入すると，

$$C\mathrm{g} = C + \mathrm{k}\frac{C}{2} \left(-\frac{1}{\mathrm{k}} + \frac{2h}{\sinh \mathrm{k}h} \right) = C + \left(-\frac{C}{2} + \frac{C}{2} \frac{2\mathrm{k}h}{\sinh 2\mathrm{k}h} \right)$$

$$= \frac{C}{2} \left(1 + \frac{2\mathrm{k}h}{\sinh 2\mathrm{k}h} \right) \tag{2.42}$$

単一波と群波の波速比を n とすると，

$$\mathrm{n} = \frac{C\mathrm{g}}{C} = \frac{1}{2} \left(1 + \frac{2\mathrm{k}h}{\sinh 2\mathrm{k}h} \right) \tag{2.43}$$

となる．

2.4　波のエネルギー

　水面は $\zeta = \dfrac{H}{2} \cos(\mathrm{k}x - \sigma \mathrm{t})$ で与えられ，海底が z $= -h$ の場合に 1 波長当たりの波のエネルギーを求める．波のエネルギー E_L は位置エネルギー V_L と

運動エネルギー K_{L} の和であるから，式 (2.44) のようになる．

$$E_{\mathrm{L}} = V_{\mathrm{L}} + K_{\mathrm{L}} \tag{2.44}$$

図 2.6 に示すように，z の高さでの $\Delta \mathrm{x} \times \Delta \mathrm{z} \times 1$ の微小体積の流体は $\mathrm{z} = 0$ を基準に $(\rho \Delta \mathrm{x} \Delta \mathrm{z})\,\mathrm{gz}$ の位置エネルギー V_{L} を持っている．ρ は流体の密度である．これらを海底から水面まで，また 1 波長分について加え合わせる．なお，波運動に伴う位置エネルギーは運動状態の位置エネルギーから静水状態で持っている位置エネルギーを差し引く．

$$V_{\mathrm{L}} = \rho\mathrm{g} \int_0^L \mathrm{dx} \int_{-h}^{\zeta} \mathrm{zdz} - \rho\mathrm{g} \int_0^L \mathrm{dx} \int_{-h}^{0} \mathrm{z}dz = \rho\mathrm{g} \int_0^L \mathrm{dx} \int_0^{\zeta} \mathrm{z}dz$$

$$= \frac{1}{2}\rho\mathrm{g} \int_0^L \zeta^2 \mathrm{dx}$$

上式に $\zeta = \dfrac{H}{2}\cos(\mathrm{kx} - \sigma\mathrm{t})$ を代入すると，

$$V_{\mathrm{L}} = \frac{1}{8}\rho g H^2 \int_0^L \cos^2(\mathrm{kx} - \sigma\mathrm{t})\mathrm{dx} \tag{2.45}$$

ここで倍角の公式 $\cos 2\alpha = 2\cos^2 \alpha - 1$ を使用すると，

$$\int_0^L \cos^2(\mathrm{kx} - \sigma\mathrm{t})\mathrm{dx} = \frac{1}{2} \int_0^L \{1 + \cos 2(\mathrm{kx} - \sigma\mathrm{t})\}\mathrm{dx}$$

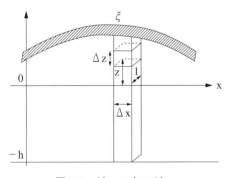

図 2.6 波のエネルギー

$$= \frac{L}{2} + \frac{1}{4\mathrm{k}}\{\sin 2(\mathrm{k}L - \sigma\mathrm{t}) - \sin 2(-\sigma\mathrm{t})\}$$

$\mathrm{k} = 2\pi/L$ を考慮すると,

$$= \frac{L}{2} + \frac{1}{4\mathrm{k}}(-\sin 2\sigma\mathrm{t} + \sin 2\sigma\mathrm{t}) = \frac{L}{2}$$

となり,

$$V_{\mathrm{L}} = \frac{1}{16}\rho\mathrm{g}H^2 L \tag{2.46}$$

を得る.

　微小体積の持つ運動エネルギー K_{L} は,水平と鉛直の水粒子速度を u, w とすると,$1/2(\rho\Delta\mathrm{x}\Delta\mathrm{z})(\mathrm{u}^2+\mathrm{w}^2)$ であるが,$|\mathrm{u}| \gg |\mathrm{w}|$ のために水平の水粒子速度を u のみを考える.

$$K_{\mathrm{L}} = \frac{1}{2}\rho\int_0^L \mathrm{dx}\int_{-\mathrm{h}}^{\zeta} \mathrm{u}^2 dz = \frac{1}{2}\rho\int_0^L (h + \zeta)\mathrm{u}^2\mathrm{dx}$$

$|\varsigma| \ll \mathrm{h}$ のために,上式の括弧の中の ζ は省略でき,

$$K_{\mathrm{L}} = \frac{1}{2}\rho\int_0^L h\mathrm{u}^2\mathrm{dx}$$

また u は,

$$\mathrm{u} = \frac{C}{h}\varsigma = \frac{C}{h}\frac{H}{2}\cos(\mathrm{kx} - \sigma\mathrm{t})$$

で与えられ,

$$K_{\mathrm{L}} = \frac{\rho h}{2}\left(\frac{CH}{2\mathrm{h}}\right)^2\int_0^{\mathrm{L}} \cos(\mathrm{kx} - \sigma\mathrm{t})\mathrm{dx} = \frac{\rho\mathrm{h}}{2}\frac{C^2 H^2}{4\mathrm{h}^2}\frac{L^2}{2}$$

上式において,$C = \sqrt{gh}$ を代入すると,

$$K_{\mathrm{L}} = \frac{\rho h}{2}\frac{\mathrm{g}hH^2}{4h^2}\frac{L^2}{2} = \frac{1}{16}\rho gH^2\mathrm{L} \tag{2.47}$$

となり,運動エネルギー K_{L} と位置エネルギー V_{L} は等しくなる.ゆえに,

$$E_{\mathrm{L}} = V_{\mathrm{L}} + K_{\mathrm{L}} = \frac{1}{8}\rho g H^2 L$$

を得る．海面の単位面積当たりの波のエネルギーは，

$$E = \frac{E_{\mathrm{L}}}{1 \times L} = \frac{1}{8}\rho g H^2 \tag{2.48}$$

となる．式 (2.47) に示すように位置エネルギーと運動エネルギーは等しく，波のエネルギーの半分を占めている．また，単位の峰幅を通って，単位時間に輸送される波のエネルギーをエネルギーフラックスといい，

$$w = ECg \tag{2.49}$$

で表す．

(演習問題)

問題 2.1

　風も流れもない 深い外洋 で，海面を漂っているブイが周期 15.0 s で上下動を繰り返している．このうねり（深海波に属する）の波長と波速ならびに，このうねりが 250 km を伝わるのに要する時間を求めよ．また，この波が深海波であるために必要な最小水深を相対水深を用いて求めよ．

＜解答例＞

波長：$L_{\mathrm{o}} = \dfrac{gT^2}{2\pi} = \dfrac{9.8 \times 15.0^2}{2\pi} = 350.9 = 351\,\mathrm{m}$

波速：$C_{\mathrm{o}} = \dfrac{gT}{2\pi} = \dfrac{9.8 \times 15.0}{2\pi} = 23.39 = 23.4\,\mathrm{m/s}$

時間：距離と速度，時間の関係式は (速度) = (距離) ÷ (時間) である．

$$\frac{250 \times 1000}{23.39} = 10688\,\mathrm{s} = 178.13\,\mathrm{min} = 2.97\,\mathrm{hr}$$

深海波であるときの相対水深の範囲は $\dfrac{1}{2} < \dfrac{h}{L}$

相対水深 (h/L) は，$\dfrac{h}{L} = \dfrac{h}{351} > \dfrac{1}{2}$, より $h > \dfrac{351}{2} = 175.5 = 176\,\mathrm{m}$
したがって，この波が深海波であるために必要な最小水深は $176\,\mathrm{m}$ となる．

問題 2.2

周期 $8.0\,\mathrm{s}$ のうねりが深海波，浅海波，長波と見なされる水深範囲を示せ．

<解答例>

深海波，浅海波，長波と見なされる相対水深 (h/L) の範囲は，
深海波が $\dfrac{1}{2} < \dfrac{h}{L}$, 浅海波が $\dfrac{1}{20} < \dfrac{h}{L} < \dfrac{1}{2}$, 長波が $\dfrac{h}{L} < \dfrac{1}{20}$ である．

・深海波

深海波の波長 L_0 は $L_0 = \dfrac{gT^2}{2\pi} = \dfrac{9.8 \times 8^2}{2\pi} = 99.8\,\mathrm{m}$　深海波の範囲が
$\dfrac{1}{2} < \dfrac{h}{L} = \dfrac{h}{99.8}$ より

$$h > \frac{99.8}{2} = 49.9\,\mathrm{m} \fallingdotseq 0\,\mathrm{m}$$

・長波

長波の波長 L は $L = CT$, 長波の波速は $C = \sqrt{gh}$ であるから，$L = T\sqrt{gh} = 8 \times \sqrt{gh}$ 長波の範囲が $\dfrac{h}{L} < \dfrac{1}{20}$ より $\dfrac{h}{L} = \dfrac{h}{8 \times \sqrt{gh}} < \dfrac{1}{20}$
したがって $h < \dfrac{8^2 \times g}{20^2} = \dfrac{8^2 \times 9.8}{20^2} = 1.568 = 1.6\,\mathrm{m}$

・浅海波

浅海波は長波と深海波の間なので $1.6\,\mathrm{m} < h < 50\,\mathrm{m}$
よって，うねりは水深 $50\,\mathrm{m}$ までは深海波，そこから水深 $1.6\,\mathrm{m}$ までは浅海波，その後汀線までは長波となる．

問題 2.3

水深 $40\,\mathrm{cm}$ の実験水槽で周期 $1.2\,\mathrm{s}$ の浅海波を造波した．繰り返し計算で，波長を求めよ．また，波速も求めよ．

<解答例>

浅海波なので波速の式は

$$C = \sqrt{\frac{gL}{2\pi} \tanh \frac{2\pi h}{L}}, \quad \text{よって} \quad C = \frac{L}{T} \quad \text{より,} \quad \frac{L}{T} = \sqrt{\frac{gL}{2\pi} \tanh \frac{2\pi h}{L}}$$

$$L = T \sqrt{\frac{gL}{2\pi} \tanh \frac{2\pi h}{L}}$$

波長の第一近似値として深海波の波長 L_0 を用いる. $L_o = \frac{gT^2}{2\pi} = \frac{9.8 \times 1.2^2}{2\pi} = 2.24599\,\mathrm{m}$

第二近似値 L_1 は,

$$L_1 = T \sqrt{\frac{gL_0}{2\pi} \tanh \frac{2\pi h}{L_0}} = 2.01792$$

第三近似値 L_2 は,

$$L_2 = T \sqrt{\frac{gL_1}{2\pi} \tanh \frac{2\pi h}{L_1}} = 1.95930$$

10 回程度の繰り返し計算により, L $= 1.93\,\mathrm{m}$

波速は $C = \frac{L}{T} = \frac{1.9348}{1.2} = 1.61 = 1.6\,\mathrm{m/s}$

表 浅海波の波長の繰り返し計算

	Ln	Ln + 1
1	2.245995	2.017926
2	2.017926	1.959301
3	1.959301	1.942224
4	1.942224	1.93708
5	1.93708	1.935515
6	1.935515	1.935037
7	1.935037	1.934891
8	1.934891	1.934847
9	1.934847	1.934833
10	1.934833	1.934829

問題 2.4

　平均水深 150 m の大陸棚に波高 2 m, 周期 10 min の津波が陸岸に向かって進んでいる. 50 km 四方に含まれる津波のエネルギーと, 単位時間に長さ 10 km の海岸に押し寄せる津波のエネルギーフラックスを求めよ. ただし, 海水の密度は 1030 kg/m³, 重力加速度は 9.8 m/s² とする.

＜解答例＞

津波の単位面積当たりのエネルギー

$$E = \frac{1}{8}\rho g H^2 = \frac{1}{8} \times 1030 \times 9.8 \times 2.0^2 = 5047\,(\mathrm{J/m^2})$$

50 Km 四方における津波エネルギー

$$E \times A = 5047 \times 50 \times 50 \times 10^6 = 1.262 \times 10^{13}\,(\mathrm{J})$$

エネルギーフラックス

$$P = EC = \frac{1}{8}\rho g H^2 \times \sqrt{gh} = 5047 \times \sqrt{9.8 \times 150}$$

$$= 1.935 \times 10^5\,(\mathrm{J/m \cdot s})$$

長さ 10 km の海岸に押し寄せるので

$$1.935 \times 10 \times 10^3 = 1.935 \times 10^9\,(\mathrm{J/s})$$

$$= 1.935 \times 10^9\,(\mathrm{W})$$

引用・参考文献

1) 水村和正：海岸海洋工学, 共立出版, 1992.

3章　波の変形

3.1　はじめに

　海岸環境を考える上で沿岸域から汀線までの波浪の分布特性を詳細に推定することは，特に波浪によって発生する海浜流と漂砂など，それによって輸送されるさまざまな物質や生物の漂流現象，また，波浪が海岸構造物に作用する波浪外力において重要である．

　沖合で発生した波は陸域に向かって進行する際には，水深が浅くなること，岬や島，沿岸域に設置された海岸構造物（防波堤，人工リーフ，離岸堤など）の影響によって波の形状を変化させる．この変化は波の基本的な性質であり，波高 H，波長 L，波向き θ，波数 k，波速 C，群速度 C_g を変化させる．ただし，波の周期 T に関してはあまり変化しないので，角周波数 $\sigma = 2\pi/T$ はほぼ一定とし，このような水深 h の減少に伴い波高 H が変化する．図 3.1 と図 3.2 に示す通り，沿岸域の波の変形は沖合から汀線までの断面地形（水深）の変化と平面的な地形の影響を受けて複雑に変化する．しかし，個々の波に与える影響は現象ごとに分けて取り扱える．

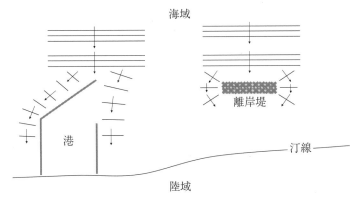

図 3.1　波の平面的な伝わり（屈折と回折）

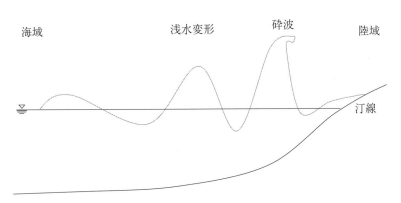

図 3.2　波の断面的な伝わり（浅水変形と砕波）

3.2　浅水変形

　沖合で発生した波は伝播して水深が浅い領域に入射すると波高の変化が生じる浅水変形が起こる．浅水変形では波高 H，波長 L の変化によって波速 C，群速度 C_g，波エネルギー E も変化する．波の変形を考える際に沖合での波を基本として取り扱うが，沖での波の基本諸量に下付添字で「0」として表現することにするのでそれぞれ，沖での波（沖波）は波高 H_0，周期 T_0，波長 L_0，波速

C_0, 群速度 C_{g0} のように表される. また, 沖波は水深が十分に深い $h/L > 1/2$ の場合では沖合として考えるために, 微小振幅表面波の第 2 章で解説されている深海波として問題を取り扱う. そのため沖波の波長 L_0, 波速 C_0 は式 (2.29) の $\tanh(2\pi h/L_0)$ の項が 1 で近似でき, $gT_0{}^2/2\pi$ となる. ここで g は重力加速度, h_0 は水深である.

$$L_0 = \frac{gT_0{}^2}{2\pi} \tanh\left(\frac{2\pi h_0}{L_0}\right) = \frac{gT_0{}^2}{2\pi} \qquad (2.29)（再掲）$$

$$C_0 = \frac{gT_0}{2\pi} \tanh\left(\frac{2\pi h_0}{C_0}\right) = \frac{gT_0}{2\pi} \qquad (2.30)（再掲）$$

$$C_0 = \frac{L_0}{T_0} \qquad (3.1)$$

波速 C_0 も波長と同様に前章の分散関係式 (2.20) から式 (2.28) のように算定するか, 式 (2.29) から波長を算定し式 (3.1) より波速 C_0 を波長 L_0 と周期 T_0 を用いて算定できる. 沖合の波が水深の影響を受ける領域まで到達した際の波高の変化について考える. 図 3.3 に示すような沖合 x から $x + \Delta x$ の区間の検査領域を考える. その際, 検査領域に入ってくる波は 1 周期で時間平均された量を考え, 検査線 x を通過して検査領域内へ進入する波エネルギー E とその波エネルギーの輸送量 W, 検査領域で波エネルギーが失われる逸散量 D とする

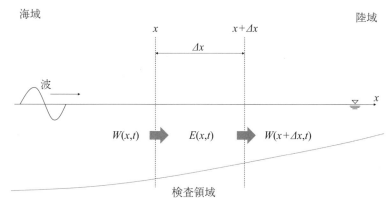

図 3.3　検査領域における波エネルギーの保存則

と検査領域での波エネルギーの収支は式 (3.2) のように表される.

$$\frac{\partial E}{\partial t} + \frac{\partial W}{\partial x} + D = 0 \tag{3.2}$$

式 (3.2) は検査領域における波エネルギーの保存則を示しており，本章で波の浅水変形を考える際には左辺第 1 項の波エネルギーの時間変化 $\partial E/\partial t$ は定常状態を考えて波の性質が変化しないので $\partial E/\partial t = 0$ とし，左辺第 3 項の逸散量 D は砕波などの波エネルギーの消失を考えないので $D = 0$ とすると，

$$\frac{\partial W}{\partial x} = 0 \tag{3.3}$$

式 (3.3) のようになり，全ての領域の検査線において輸送される波エネルギーの x 方向への変化はなく一定量の波エネルギーが輸送されることになる．$\partial W/\partial x$ は x 軸方向に輸送される波エネルギー W の変化量であり，変化量が 0 ということは同じ量が輸送されることを表している.

波エネルギーの輸送量 W は前章の式 (2.48) で説明した通り，波エネルギー E と群速度 C_g の積となるので，

$$W = E \times C_g = \frac{1}{8}\rho g H^2 C_g \tag{3.4}$$

となる．この波エネルギーが沖合から水深の影響を受けて，浅水変形が起こる対象海域の水深 h に輸送された場合を考えると両者は等しくなるので

$$W_0 = W = \frac{1}{8}\rho g H_0{}^2 C_{g0} = \frac{1}{8}\rho g H^2 C_g \tag{3.5}$$

式 (3.4) を沖波波高 H_0 と対象海域の波高 H の比を考える．両海域での波高比が分かれば波高の変化を推定できるためである．波高比 H/H_0 は

$$H = \sqrt{\frac{1}{8}\rho g C_g} \tag{3.6}$$

$$H_0 = \sqrt{\frac{1}{8}\rho g C_{g0}} \tag{3.7}$$

より

$$\frac{H}{H_0} = \frac{\sqrt{\frac{1}{8}\rho g C_g}}{\sqrt{\frac{1}{8}\rho g C_{g0}}} = \sqrt{\frac{C_{g0}}{C_g}} \tag{3.8}$$

ここで，深海波である沖波において群速度 C_g と波速 C には

$$C_{g0} = \frac{1}{2}C_0 \tag{3.9}$$

の関係があるので式 (3.8) に沖波の群速度である式 (3.9) と浅海域の波速を代入すると

$$K_s = \sqrt{\frac{C_{g0}}{C_g}} = \left(\frac{\frac{1}{2}C_0}{\frac{1}{2}C\left(1 + \frac{2kh}{\sinh akh}\right)}\right)^{\frac{1}{2}} \tag{3.10}$$

となり，式 (3.10) の波速は分散関係式を用いて表現すると

$$K_s = \left(\frac{\frac{1}{2}gk}{\frac{1}{2}gk\tanh kh\left(1 + \frac{2kh}{\sinh akh}\right)}\right)^{\frac{1}{2}} \tag{3.11}$$

となり式 (3.11) を整理すると浅水係数 K_s が得られる．

$$K_s = \left\{\tanh kh\left(1 + \frac{2kh}{\sinh 2kh}\right)\right\}^{\frac{1}{2}} \tag{3.12}$$

浅水係数 K_s は，波高と沖波の波速と浅海域の群速度の関係式は浅水係数と呼ばれ，沖から浅海域へ波が伝播した際の波高の変化量を推定する際に用いられる．

沖から浅海域に伝播して変化する波の諸量，浅水係数 K_s，波長 L，波速 C，群速度 C_g の水深と沖波波長 L_0 に対する変化特性を図 3.4 に示す．浅水係数 K_s は h/L_0 が大きくなると減少しその後増加する傾向を示している．沖波の諸量を一定とした場合，水深が浅くなれば浅水係数 K_s は増加するが深くなると

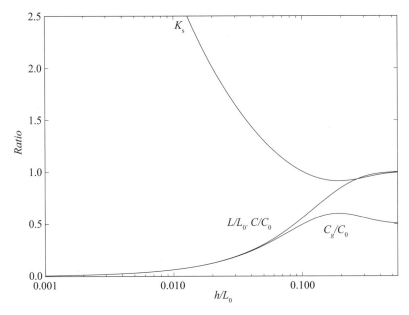

図 3.4 水深沖波波長比に対する波の諸量の変化率

減少する傾向を示す．水深と沖波波長比 h/L_0 が 0.05–0.5 の区間ではその傾向は異なり，水深が浅くなっても浅水係数 K_s が 1 を下回り，浅水変形によって波高が減少する傾向となる．これは，図 3.4 から分かる通り群速度と沖波の波速比 C_g/C_0 がその区間で若干増加するためである．

浅水変形による水深 h の任意地点の波高は，沖波の諸量である沖波周期 T_0，沖波波高 H_0 が与えられた時，沖波波長 L_0 を算定してから任意地点の水深と沖波の波長比 h/L_0 を算定し，図 3.4 の水深沖波波長比に対する波の諸量の変化より沖波に対する，波長 L，波速 C，群速度 C_g，浅水係数 K_s を読みとることにより計算が可能である．

浅水変形 K_s による任意地点の波高の計算は次式より求められる．

$$H = H_0 \times K_s \tag{3.13}$$

この手法による浅海域の波高の推定は，前章で示した式 (2.29)，式 (2.30)，本

章で導出した式 (3.9) を導出する際に用いられる微小振幅表面波理論の過程の
もとに分散関係式や波エネルギーの輸送量式を導出しているので砕波を伴うよ
うな激しい波の変形には適用できない. 浅海域で波高を精度良く算定するには
有限振幅波理論によって推定するか, 数値計算によって推定が必要となる.

3.3　波の屈折, 回折と反射

3.3.1　屈折

　等深線海岸といわれる汀線（海岸線）に平行に図 3.5 に示すように水深が変
化する海岸に波がその等深線に対して斜めの角度から伝播すると, 波は等深線
に対して直角の角度に近くなるように変化する現象を波の屈折という.

　水深の変化によって波が屈折する角度はスネルの法則を用いて算定できる.
図 3.6 に示すようにスネルの法則は空気から水のように密度が変化する物質に
光が進行する際に, 空気と水の境界である水面での屈折角度を空気と水のよう
な密度の異なる物質では光が進行する際に速度が異なることに着目して屈折角
を推定する.

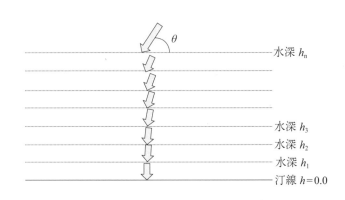

図 3.5　等深線海岸と波の屈折

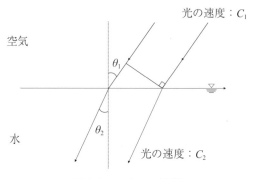

空気

光の速度：C_1

θ_1

水

θ_2

光の速度：C_2

図 3.6　スネルの法則

$$\frac{\sin \theta_{\mathrm{a}}}{\sin \theta_{\mathrm{w}}} = \frac{c_{\mathrm{a}}}{c_{\mathrm{w}}} \tag{3.14}$$

　空気から水に光が進む場合，光の空気中の速度 c_{a} は水中の速度 c_{w} より早く $c_{\mathrm{a}}/c_{\mathrm{w}} = 1.33$ であり，水の屈折率となっている.

　海の波もこのスネルの法則と同様の考え方で屈折角度を推定できる. 海の波の場合，波の進む速度である波速は水深によって異なるので水深の異なる境界でスネルの法則を考えることにより，水深による波速の変化比が波の屈折角度に対応すると考えられる.

　図 3.7 のように等深線海岸に波が入射した場合，水深の変化の境界の前後の水深で波速が異なるので，等深線の境界で波が屈折することが分かる. ここで，ある地点の波向き θ をその地点の波速 C と沖波の波速 C_0，沖波の波向き θ_0 で表すと

$$\sin \theta = \frac{C}{C_0} \sin \theta_0 \tag{3.15}$$

となる. C/C_0 は $\tanh 2\pi h/L$ で表されるので，汀線付近では水深が限りなく浅くなる. 水深波長比 h/L が 0 に近くなり C/C_0 が 0 となるので，結果として $\sin \theta$ も 0 となるので波向き θ は 90 度となり汀線付近で波向きは 90 度となる.

　波が屈折することは波が水深の影響を受けて波速が減少する変化を起こすので，結果として波エネルギーが失われることになる. この屈折によって失われ

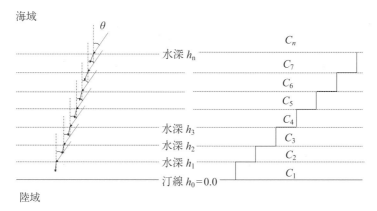

図 3.7 等深線海岸における屈折角と波速の関係

る波エネルギーが波高の変化に与える影響として表した係数を屈折係数 K_r という．浅水係数の導出と同様に水深が変化する検査領域で図 3.8 のように波エネルギーの輸送量 W を考える．この検査領域の沖側の波を沖波として沖側の境界線から流入する波の輸送量 W_0 とすると，沖波は波向き θ_0 で進入するので境界に直角に流入する波の輸送量は $W_0 \times \cos\theta_0$ となり式 (3.16) のように表される．同様に境界から岸側に輸送される波の輸送量は波向き θ で流出されるの

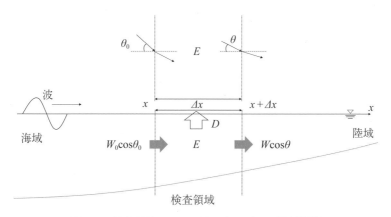

図 3.8 検査領域における波エネルギーと屈折係数

で $W_0 \times \cos\theta_0$ 式 (3.17) となる.

$$W_0 \cos\theta_0 = E_0 C_{g0} \cos\theta_0 = \frac{1}{8}\rho g H_0{}^2 \cos\theta_0 \tag{3.16}$$

$$W \cos\theta = E C_g \cos\theta = \frac{1}{8}\rho g H^2 \cos\theta \tag{3.17}$$

これより, 沖波の波高 H_0 と任意地点における波高 H の比を考えると

$$\frac{H}{H_0} = \sqrt{\frac{C_{g0}}{C_g}}\sqrt{\frac{\cos\theta_0}{\cos\theta}} \tag{3.18}$$

となる. 式 (3.18) で右辺第 1 項の群速度の比は浅水係数 K_s を表しており第 2 項の $\cos\theta_0/\cos\theta$ が屈折による波高の変化を表す屈折係数となっている. 屈折係数は

$$K_r = \sqrt{\frac{\cos\theta_0}{\cos\theta}} = \sqrt[4]{\frac{1-\sin^2\theta_0}{1-\sin^2\theta}} = \left(\frac{1-\sin^2\theta_0}{1-\sin^2\theta}\right)^{\frac{1}{4}}$$

$$= \left[1 + \left\{1 - \tanh^2\left(\frac{2\pi h}{L}\right)\right\}\tan^2\theta_0\right]^{-\frac{1}{4}} \tag{3.19}$$

となる.

　したがって, 屈折による波高の変化は沖波が浅海域に進入して波高が変化することを考えているので, 式 (3.13) より

$$H = K_s K_r H_0 \tag{3.20}$$

のように, 沖波波高 H_0 に浅水係数 K_s と屈折係数 K_r を乗じて算定する.

　沖波の諸元が与えられた場合, 任意地点の浅水変化と屈折の変化を考慮した波高は沖波の波長を算定し, 任意地点の水深との沖波波長比 h/L_0 を算定し, **図 3.9** の下段のグラフから屈折角, 上段から屈折係数を決定し式 (3.20) より, 任意地点における変化した波高を推定できる.

　上記までは等深線海岸において変化する波の屈折を考えているが, 実際の海岸においては海底地形の変化は複雑な場合が多いため, 水深変化は岸沖方向に一様ではない. そのため式 (3.19) や図 3.9 による屈折係数の推定はできない.

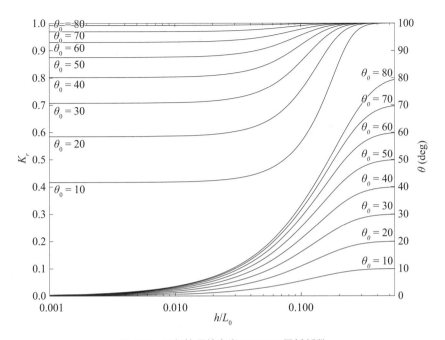

図 3.9 平行等深線海岸における屈折係数

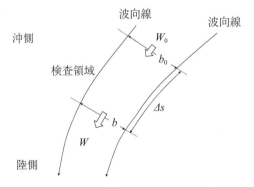

図 3.10 平面的な地形特性による波の発散と集中

地形変化が複雑で等深線間隔が一様でない場合は, 図 3.10 に示すような波向き線間隔のエネルギー輸送を考えて屈折係数が波向き線間隔幅 b によって決定

される. 検査領域の沖側の波向き線間隔幅 b_0 とすると屈折係数は

$$K_\mathrm{r} = \sqrt{\frac{b_0}{b}} \tag{3.21}$$

で算定でき, この方法を波向き法線法と呼ぶ. この手法は波向を法線上に算定していくため, 実用的に数値計算で格子点での波の向きを算定できない. 数値計算で格子での波向きを算定するには波数から算定する方法が用いられる.

　沖から任意水深の地点に伝播した波の波高は式 (3.20) のように屈折係数と浅水係数を沖波に乗じて算定されるように, 屈折と浅水の効果を分けて考えることができる. そのため屈折の効果をあらかじめ算定しておいて, 後に浅水係数を乗じて任意地点の波高を推定する場合, 沖波波高 H_0 に屈折係数 K_r を乗じた物を式 (3.22) に示す換算沖波波高 H_0' とする.

$$H_0' = K_\mathrm{r} H_0 \tag{3.22}$$

したがって, 換算沖波波高を事前に算定しておけば, 式 (3.23) のように浅水係数 K_s を算定することで任意地点の波高 H を算定できる.

$$H = H_0' K_\mathrm{s} \tag{3.23}$$

　図 3.11 には岬や湾における波向線を示している. 図に示すように岬部分では水深の変化によって波が岬の先端に進行するこのため, 岬では波が集中し波高が高くなることが分かる. また, 湾の様な凹部では汀線と平行な等深線海岸では, 波が発散するように進行する. このため湾のような凹部の中央では波が集中しやすいと感覚的に感じるかもしれないが, 実際には岬の先端の波高が高くなることが波向線を調べることで理解できる.

3.3.2　反射

　沖合から進行した波が岸壁や海岸構造物に作用した際には, 構造物で反射し入射方向とは逆に進行する波が発生し, この波を反射波と呼ぶ. この反射波に

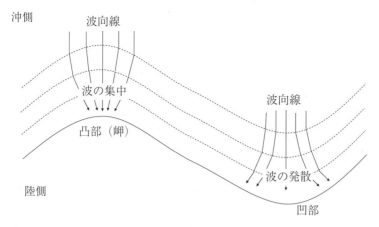

図 3.11　平面的な地形特性による波の発散と集中

は完全反射と呼ばれる波のエネルギーがすべて反射される場合と，構造物など
によって波のエネルギーが吸収されてその一部が反射する部分反射に現象が分
けられる．波の反射を断面 2 次元で考える場合，x の正の向きに進行する波を
入射波 η_{I} とすると波形は式 (3.24) で与えられる．

$$\eta_{\mathrm{I}} = \frac{H_{\mathrm{I}}}{2}\cos(kx - \sigma t) \tag{3.24}$$

また，反射波の波形 η_{R} は

$$\eta_{\mathrm{R}} = \frac{H_{\mathrm{I}}}{2}\cos(-kx - \sigma t) \tag{3.25}$$

となる．ここで kx の正負が x 軸の正方向を進行する波の向きを表している．

図 3.12 において検査線上での単位時間当たりの入射波の波エネルギー輸送
量 W_{I} と反射波の波エネルギー輸送量 W_{R}，構造物による波エネルギーの消散
量 D を考えると

$$W_{\mathrm{I}} - W_{\mathrm{R}} - D = 0 \tag{3.26}$$

となり，式 (3.26) を波エネルギーの消散量 D について，輸送エネルギーを輸送
速度 C_{g}，波エネルギー E_{I}，E_{R}，入射波の波高 H_{I}，反射波の波高 H_{R} で表すと

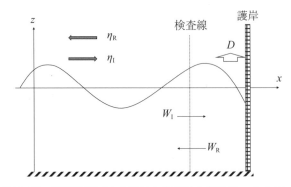

図 3.12　護岸前面での入射波と反射波と消散波エネルギー

$$D = W_\mathrm{I} - W_\mathrm{R} = E_I C_\mathrm{g} \left(1 - \frac{E_\mathrm{R}}{E_\mathrm{I}} \right) = E_I C_\mathrm{g} \left(1 - \frac{H_\mathrm{R}{}^2}{H_\mathrm{I}{}^2} \right) \quad (3.27)$$

となり，反射率 K_R を入射波の波高 H_I，反射波の波高 H_R の比で表すと

$$K_\mathrm{R} = \frac{H_\mathrm{R}}{H_I} = \sqrt{1 - \frac{D}{E_\mathrm{I} C_\mathrm{g}}} \quad (3.28)$$

構造物などでエネルギーの消散がある場合の反射率 K_R は 1 より小さくなり，部分反射，エネルギーの消散がない場合の反射率 K_R は 1 となり，完全反射となる．

　砂浜などの斜面での反射の場合は斜面での底質移動，砕波による乱れや気泡連行，浸透によって反射率 K_R は 0.005–0.2 程度になる．消波構造物が設置された斜面での反射率は 0.3–0.5 程度であるとされている．

　エネルギー消散がある場合の反射率は，防波堤や斜面などの前面において発生する部分重複波を計測することによって反射率 K_R を求められる．部分重複波の腹の位置の波高 $H_{\max}$，節の位置の波高 $H_{\min}$ とすると反射率は

$$K_\mathrm{R} = \frac{H_{\max} - H_{\min}}{H_{\max} + H_{\min}} \quad (3.29)$$

で算定できる．水理模型実験や実際の海岸構造物で反射率を測定するには**図 3.13** に示すように護岸などの前面に部分重複波の腹の位置と節の位置に波高計

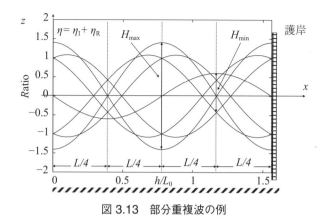

図 3.13 部分重複波の例

を設置して波高の計測を行う．腹と節の位置は入射波の波長の 1/4 ごとに現れるので，入射波の波長が分かっていれば波高計の設置位置を決められる．このような反射率を推定する方法をヒーリーの法則という．

3.4 砕波

沖波が水深の浅い領域に進入すると，浅水変形によって波高が増加する．波高は増加し続けることなく，波高の高さを維持できなくなると波が砕ける現象を砕波という．砕波は浅水変形した波が水深と波高の比率の関係を維持できなくなった場合に起こる．この水深と波高の比率で浅海域における砕波の条件が式 (3.30) によって示されている．

$$\frac{H_b}{h_b} = \kappa \tag{3.30}$$

式 (3.30) は，砕波が発生する場所における波高と水深の比を表しており，砕波波高 H_b，砕波水深 h_b である．特殊な波浪条件である孤立波では $\kappa = 0.827$ が知られているが，通常の波浪と海浜勾配を考慮した合田の砕波指標の式 (3.31) が一般的に用いられている．

$$\frac{H_\mathrm{b}}{L_0} = 0.17 \left[1 - \exp \left\{ -1.5\pi \left(\frac{h_\mathrm{b}}{L_0} \right) \left(1 + 15 \tan^{\frac{4}{3}} \theta \right) \right\} \right] \quad (3.31)$$

　砕波は崩れ波，巻き波，砕け寄せ波の3つの砕波形式に分類されてこれらの砕波分類は，海浜勾配 $\tan\beta$ と沖波の波形勾配 H_0/L_0 によって示される砕波帯相似パラメータによって分類される．

　深海波の砕波限界については Michell（ミッシェル）が次式を提案しており，

$$(h_0/L_0)_{\max} = 0.142 \quad\quad\quad\quad (3.32)$$

浅海波に関しては

$$H_\mathrm{b}/L_\mathrm{b} = 0.142 \tanh 2\pi h_\mathrm{b}/L_\mathrm{b} \quad\quad\quad\quad (3.33)$$

が示されており，実験水槽においてその妥当性が検証されている．

　式 (3.34) は，海浜勾配と砕波波高と砕波水深の関係を示しており，図 **3.14**

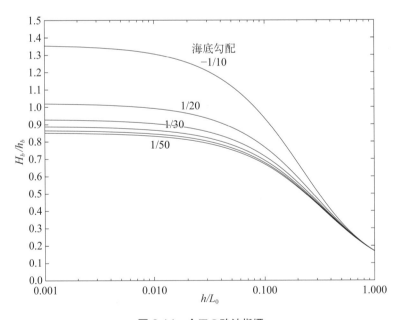

図 3.14　合田の砕波指標

に示すように海浜勾配に対して砕波水深に対する砕波波高と砕波水深の関係を
知ることができる.

　砕波は複雑な現象で, 砕波後の波形に関して図3.15に示すような3つの砕
波形状に分類できる. 砕波形状は砕波帯相似パラメータと呼ばれる海浜勾配と
沖波の波形勾配によって砕波形式が分類される. 砕波帯相似パラメータは, カ
スプ地形の形成のように砕波後の波の変形によって形成される汀線形状を説明
する際に用いられる.

$$\xi = \frac{\tan\beta}{\sqrt{\dfrac{H_0}{L_0}}} \tag{3.34}$$

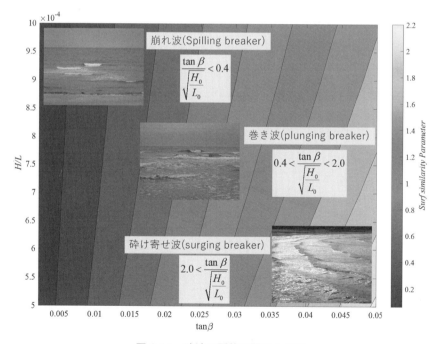

図3.15　砕波の形状に関する分類

3.5　回折

　一様な水深に設置された直線防波堤に直角に波が入射する場合，図 3.16 に示すように防波堤の背後は，波の進行方向に対して防波堤が直角に設置されるので遮蔽領域となり穏やかな水域となる．しかし，図に示す通り防波堤の背後では波が回り込んで伝播する．この波が回り込む現象のことを回折という．防波堤に向かって進行した波は防波堤によって波の進行が妨げられ防波堤背後の遮蔽領域にかけて波の波高およびエネルギーが不連続になる．この回折現象の波高分布は防波堤周辺の水面で発生した球面波が重なって波面を形成するホイヘンスの原理と呼ばれる現象によるものである．

　回折波の算定には 3 次元の連続式をもとに速度ポテンシャルを導入して，3 次元のラプラスの式を境界条件を満たすような解を算定する必要がある．

　図 3.17 に半無限直線防波堤に作用する回折波の回折係数を示している．この図は，入射波長と水平距離による防波堤周辺の回折係数を示した図であり，図より防波堤内側では回折係数 Kd が 0.5 以下になることが分かり，防波堤による遮蔽効果は入射波高を 50％以下にすることが分かる．この図を使用する際に

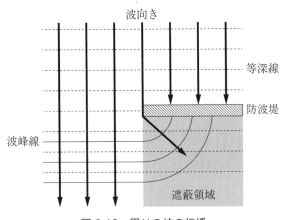

波向き

等深線

防波堤

波峰線

遮蔽領域

図 3.16　周りの波の伝播

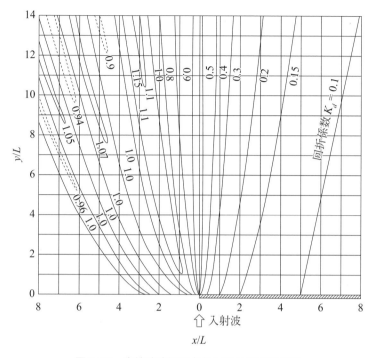

図 3.17 直線防波堤に直角入射する波の回折

は，入射波の波長を分散関係式等を用いて事前に算定しておくこと，周辺の水深が一様であるという前提がある．

演習問題

問題 3.1

平行等深線海岸に波高 $H_0 = 3.0\,\mathrm{m}$，周期 $T = 7.6\,\mathrm{s}$ で波向 $\theta = 0.0\,\mathrm{deg}$ で入射する際に以下の問いに答えなさい．

1. 沖波の波形勾配 H_0/L_0 を求めなさい．

＜解答例＞

波の波長は分散関係式より，

$$L = \frac{gT^2}{2\pi} \tanh\left(\frac{2\pi h}{L}\right)$$

算定することができるが，沖波であることから深海波と仮定できるので tanh の項が 1 と近似でき，沖波波長 L_0 は

$$L_0 = \frac{gT^2}{2\pi}$$

となり，

$$L_0 = \frac{gT^2}{2\pi} = \frac{9.81 \times 7.6^2}{2 \times 3.14} = 90.227$$

より $L_0 = 90.23$ となり，$H_0 = 3.0\,\mathrm{m}$ を用いて

$$\frac{H_0}{L_0} = \frac{3.0}{90.23} = 0.0332$$

波形勾配 $H_0/L_0 = 0.033$ の無次元量となる.

問題 3.2

水深 3.5 m の浅海域に到達した波の波高 H，周期 T，波長 L，波数 k，波速 C を求めなさい

＜解答例＞

図 3.4 の水深沖波波長比に対する波の諸量の図を用いるため水深 $h = 3.5\,\mathrm{m}$ での水深沖波波長比 h/L_0 を求める. L_0 は設問 1 で算定した $L_0 = 90.23\,\mathrm{m}$ を用いる.

$$\frac{h}{L_0} = \frac{3.5}{90.23} = 0.0387$$

水深沖波波長比 h/L_0 は 0.039 の無次元量となる.

図 3.4 より

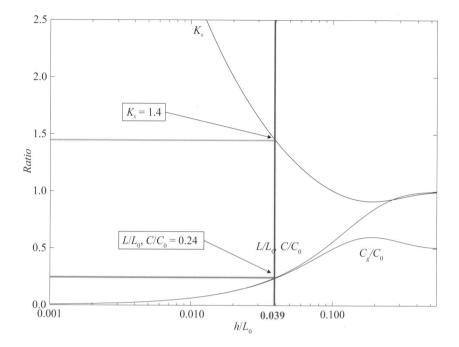

L/L_0, $C/C_0 = 0.24$, 浅水係数 $K_s = 1.4$ と読むことができる. これらを用いて, 波高 H, 周期 T, 波長 L, 波速 C を求めるが, 波の周期は水深にかかわらず不変であるので, 周期 $T = 7.6\,\mathrm{s}$ である.

波高 H は浅水係数 K_s より

$$K_\mathrm{s} = \frac{H}{H_0}$$

より, 求めたい水深 $h = 3.5\,\mathrm{m}$ での波高 H は

$$H = K_\mathrm{s}H_0 = 1.4 \times 3.5 = 4.90$$

より, 波高 $H = 4.9\,\mathrm{m}$ となる.

波長 L は図 3.4 より $L/L_0 = 0.24$ であるので, 設問 1 での計算結果 $L_0 = 90.23\,\mathrm{m}$ より,

$$\frac{L}{L_0} = 0.24$$

$$L = 0.24 \times L_0 = 0.24 \times 90.23 = 21.655$$

より波長 $L = 21.66\,\mathrm{m}$ となり浅水変形によって波長が短くなることがわかる.

波数 k は単位長さ当たりの波の数であるので

$$k = \frac{2\pi}{L}$$

より，波長 $L = 21.66\,\mathrm{m}$ を用いて

$$k = \frac{2\pi}{L} = \frac{2 \times 3.14}{21.66} = 0.289$$

より，波数 $k = 0.29\,\mathrm{m^{-1}}$ となる.

波速 C は波の波長 L を波の周期 T で除して算定するか，沖波の波速 C_0 を次式から求めて，図から読み取った $C/C_0 = 0.24$ の値から算定する 2 つの方法がある.

$$C_0 = \frac{gT}{2\pi} \tanh \frac{2\pi h}{L} \cong \frac{gT}{2\pi}$$

ここでは，波長 L を波の周期 T で除して算定する.

$$C = \frac{L}{T} = \frac{21.66}{8.6} = 2.518$$

波速 C は $2.52\,\mathrm{m/s}$ となる.

問題 3.3

平行等深線海岸に波高 $H_0 = 2.5\,\mathrm{m}$，周期 $T = 6.8\,\mathrm{s}$ で波向 $\theta = 30.0\,\mathrm{deg}$ で入射する際に以下の問いに答えなさい.

1. 水深 $3\,\mathrm{m}$ 地点での波向，屈折係数を求めなさい

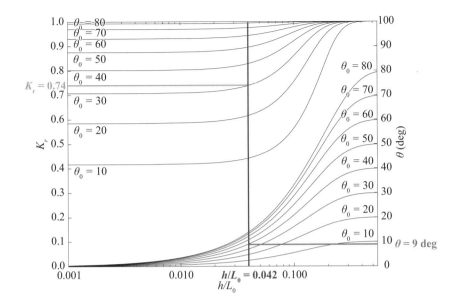

<解答例>

　図 3.9 の平行等深線海岸における屈折係数の図を用いて波向きと屈折係数を求める. その際, 水深沖波波長比 h/L_0 が必要となるので L_0 を計算する.

$$L_0 = \frac{gT^2}{2\pi} = \frac{9.81 \times 6.8^2}{2 \times 3.14} = 72.232$$

より, 沖波波長 $L_0 = 72.23 \, \text{m}$ となる.

$$\frac{h}{L_0} = \frac{3.0}{72.23} = 0.0415$$

$h/L_0 = 0.042$ として図 3.9 より, 屈折角 $\theta = 9 \, \text{deg}$, 屈折率 $K_r = 0.74$ を読む

　3. 水深 3 m 地点での波高を求めなさい

<解答例>

　沖から波が水深 3 m 地点に到達するには浅水変形と屈折の影響を受けている. 屈折の効果は設問 1 で得られているので, 浅水変化の効果を現す浅水係数を問

題 1 の手順に従ってもとめる.

水深沖波波長比 $h/L_0 = 0.042$ より, 図 3.4 から浅水係数 $K_\mathrm{s} = 1.39$ である. したがって, 水深 3 m 地点の波高は

$$H = K_\mathrm{s} K_\mathrm{r} H_0 = 1.39 \times 0.74 \times 2.5 = 2.571$$

より, 波高 $H = 2.57\,\mathrm{m}$ となる.

問題 3.4

低反射護岸に波高 $H = 2.0\,\mathrm{m}$, 周期 $T = 6.0\,\mathrm{s}$ の波が直角に入射している. 護岸の周辺の水深は 6.0 m で一様とする.

1. この護岸の反射率を測定する際に波高計を設置する位置について答えなさい.

＜解答例＞

護岸前面に波高計を設置して部分重複波の腹の位置と節の位置で波高を計測する. 腹の位置は護岸の前面, 節の位置は護岸前面から $L/4$ 離れた位置に設置する. 波長は周期 $T = 6.0\,\mathrm{s}$ の波が水深 $h = 6.0\,\mathrm{m}$ に存在するので分散関係式か図 3.4 から算定する. ここでは, 図 3.4 を用いて算定を行う.

$$L_0 = \frac{gT^2}{2\pi} = \frac{9.81 \times 6.0^2}{2 \times 3.14} = 56.235$$

より $L_0 = 56.24$, $h/L_0 = 0.12$ より, 図 3.4 から $L/L_0 = 0.55$ を得ると.

$$L = 0.55 \times L_0 = 0.55 \times 56.24 = 30.932$$

より波長 $L = 30.93\,\mathrm{m}$ となるので, 節を計測する波高計は護岸から 7.73 m 離して設置すればよい.

2. 反射率を測定する波高計で計測された最も大きな波高は 4 m, 小さな波高は 2.8 m であった場合, 反射率はいくらになるか答えなさい. ただし, 反射による位相のずれはなく護岸前面で重複波が生じているとする.

＜解答例＞

式 (3.33) のヒーリーの法則を用いて反射率 K_R を算定する．

$$K_R = \frac{H_{\max} - H_{\min}}{H_{\max} + H_{\min}} = \frac{4 - 2.8}{4 + 2.8} = 0.176$$

より反射率 $K_R = 0.176$ となる．

問題 3.5

防波堤に周期 $T = 5.9\,\mathrm{s}$ の波が直角に入射している場合に，防波堤の先端から堤内に 30 m，防波堤から堤内側に 30 m 離れた地点 M で波高を測定したところ 0.5 m であった．M 地点の波高を 0.25 m に低減するためには防波堤を何 m 延長すれば良いか答えなさい．防波堤周辺の水深は 6 m で一様であるとする．

＜解答例＞

まず水深 $h = 6\,\mathrm{m}$，周期 $T = 5.9\,\mathrm{s}$ の条件で波長を求める図 3.4 を使用して沖波波長 L_0 を求め，h/L_0 を算定し図 3.4 から L/L_0 を読み取り波長 L を計算する．

$$L_0 = \frac{gT^2}{2\pi} = \frac{9.81 \times 5.9^2}{2 \times 3.14} = 54.376$$

より，$L_0 = 54.38$，$h/L_0 = 6/54.38 = 0.11$ となり図 3.4 より $L/L_0 = 0.55$ を得る．

$$L = 0.55 \times L_0 = 0.55 \times 54.38 = 29.90$$

より，波長 $L = 30.0\,\mathrm{m}$ となる．

図 3.7 より x/L，$y/L = 30/30 = 1$ の地点の回折係数 $K_d = 0.24$ となるので，回折変形前の波の波高 $H_0 = K_d/H = 0.5/0.24 = 2.083\,\mathrm{m}$ となる．沖波波高 $H_0 = 2.08\,\mathrm{m}$ を 0.25 m に減衰するには回折係数 $K_d = 0.12$ の地点を図 3.7 から探せば良いので，$x/L = 4.0$ の地点が回折係数 $K_d = 0.12$ となるので，その地点は防波堤先端から $4.0 \times 30\,\mathrm{m} = 120\,\mathrm{m}$ であるので，防波堤は 90 m の延長が必要となる．

4章　風波の基本的性質

4.1　はじめに

　海洋で発生している波で目に触れて認識できる波は風によって発達した波で
大きな波高の波や小さな波高の波，周期の長い波や短い波，崩れて砕波を伴う
波などさまざまな波が時事刻々出現する．このような風によって発達した風波
の基本的な特性について把握する．また風によって発達する風波の推定方法に
ついて学ぶ．

4.2　波別解析手法

　海で発生する不規則な波の性質を把握する方法は統計的な代表値を用いた代
表波法とエネルギースペクトルを用いたスペクトル法がある．代表波法は図4.1
に示すような複雑な波形について波を1つずつ定義してその波の波高と周期に
ついて統計的に解析する手法である．波を定義する手法は主に2つある．1つ

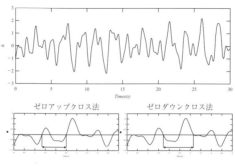

図 4.1　不規則波と波別解析法

は波の波形に対して平均水面を考えた際に波形が平均水面をマイナスからプラスに変化する点から次にマイナスからプラスに変化する点までを 1 つの波と捉えるゼロアップクロス法，もう 1 つは逆にマイナスからプラスに転じる位置間までを 1 つの波と捉えるゼロダウンクロス法の 2 つである．不規則な波を解析する際に両者に大きな違いは無いとされているが，海岸構造物周辺，砕波の解析にはゼロダウンクロス法が適しているとされているために，一般的にゼロダウンクロス法が用いられている．この方法で定義される 1 つの波の波形は正弦波や余弦波に近い形状を示す物もあればピークが 2 つ存在するような波も含まれる．

　このようにして不規則な波を個々の波に定義した結果により，不規則な波の波群特性を表現する代表波法は，最大波 (H_{max}，T_{max}) 解析された波の中で最も波高の高い波とその波の周期，1/10 最大波 ($H_{1/10}$，$T_{1/10}$) 解析された波の中で波高について大きい方から順に並べた際に上位 10%の波の平均値である．1/3 最大波 ($H_{1/3}$，$T_{1/3}$) 解析された波の中で波高について大きい方から順に並べた際に上位 1/3 の波の平均値で有義波と呼ばれる．この波の波高や周期は，有義波高，有義波周期と呼ばれる．この有義波は目視観測の結果と一致する場合が多く，不規則な波を表現する際によく使用される代表波法の定義である．平均波 (H_{mean}，T_{mean}) 解析された波の波高と周期の平均値である．

4.3　不規則波の特性

　沖合で発生する風波は複雑な波形を有していて，不規則な波形を見ただけではその波の性質や特性を説明する規則性を見いだすことが難しい．しかし，波高の分布や周期の分布には確率論で考察した際に規則性を見いだせる．

　沖合で発生した風波の時系列の周波数特性は，比較的狭い周波数帯に波のエネルギーがかたまって存在することが知られている．

　ロンゲット・ヒギンズは不規則波の波高の出現頻度は**図 4.2**に示す通りレイリー分布にしたがうことを示している．図 4.2 は平均波高 $\bar{H}$ に対する各波高 H の比率に対する発生確率 p を示しており，平均波高 $H/H_{\text{mean}} = 1.0$ において発生確率が高くなっており，発生頻度が多いことが分かる．

　発生確率密度 p と波高との関係は式 (4.1) に示す通りである．

$$p\left(\frac{H}{H_{\text{mean}}}\right) = \frac{\pi}{2}\frac{H}{\bar{H}}\exp\left\{-\frac{\pi}{4}\left(\frac{H}{H_{\text{mean}}}\right)^2\right\} \tag{4.1}$$

　この関係は砕波現象が見られる浅海域では実測された波高の出現頻度がレイリー分布にしたがわないことが多く見られる．しかしながらこの関係から有義

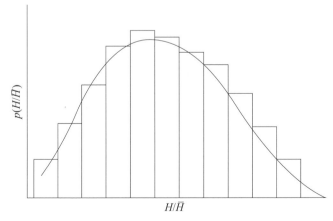

図 4.2　波高の発生確率

波高 $H_{1/3}$ や平均波高 H_{mean} と最大波高 $H_{1/10}$ を推定でき，有義波高と平均波
高の関係は式 (4.3) の通りで

$$H_{1/3} = 1.60 H_{\mathrm{mean}} \qquad (4.2)$$

最大波高 $H_{1/10}$ と有義波高 $H_{1/3}$ や平均波高 H_{mean} との関係は

$$H_{1/10} = 2.03 H_{\mathrm{mean}} = 1.27 H_{1/3} \qquad (4.3)$$

である．このように平均波高や有義波高が分かっていれば，設計波に使用する
最大波高を推定することが上式より可能である．平均波高や有義波高を推定す
る際にどの程度の波の数からそれらを推定したのかが最大波高を推定する際に
は重要となり，最高波高を推定する際には波の数 N を考慮して**表 4.1** の関係を
用いるか式の関係により波の数を考慮した最高波高を推定する．

表 4.1　波の数と有義波高と最大波高の関係

N	20	50	100	200	500	1,000	2,000
$H_{\mathrm{max}}/H_{1/3}$	1.256	1.419	1.534	1.641	1.772	1.866	1.956

　波の数の多い場合は最大波高 $H_{1/10}$ と有義波高 $H_{1/3}$ の関係は

$$\frac{H_{\mathrm{max}}}{H_{1/3}} = \frac{\sqrt{\ln N}}{1.416} \qquad (4.4)$$

となるが，実際の海岸構造物の設計においては簡便な次式の関係を用いること
が多い．

$$H_{\mathrm{max}} = (1.6\sim1.8)H_{1/3} \qquad (4.5)$$

　また，不規則波中の波の周期に関しては周期の発生頻度は統計的な性質が見
いだせる場合とそうでない場合があるが，ブレッドシュナイダーによれば波の
周期の確率密度分布関数が次式で提案されている．

$$p\left(\frac{T}{T_{\mathrm{mean}}}\right) = 2.7\left(\frac{T}{T_{\mathrm{mean}}}\right)^3 \exp\left\{-0.675\left(\frac{T}{T_{\mathrm{mean}}}\right)^4\right\} \quad (4.6)$$

また，平均波周期 T_{mean} や有義波周期 $T_{1/3}$ と設計波に使用する最大波高の周期の関係は以下が用いられる．

$$T_{\mathrm{mean}} = T_{1/10} = T_{1/3} = (1.1\sim1.2)T_{\mathrm{mean}} \quad (4.7)$$

4.4 スペクトル解析法

不規則な波を表現する 2 つ目の方法としてエネルギースペクトル法がある．この手法は波の諸元である波高 H，周期 T，波数 k，波向角 θ，位相差 ε の異なる規則波が足し合わされて不規則な波が形成されていると考える線形重ねあわせの理論に基づいた手法である．

不規則な波の波形 η は

$$\eta(x,y,t) = \sum_{n=1}^{\infty}\frac{H_n}{2}\cos(k_{\mathrm{n}}\cos\theta_{\mathrm{n}}x + k_{\mathrm{n}}\sin\theta_{\mathrm{n}}y - 2\pi f_{\mathrm{n}}t + \varepsilon_{\mathrm{n}}) \quad (4.8)$$

で表される．

式 (4.10) より波エネルギーの分布を表現でき，周波数を横軸に波エネルギーを整理した物を周波数スペクトル，波数について整理した物を波数スペクトル，方向について整理した物を方向スペクトルという．

式 (4.10) より波の周波数，波数，波の向きに関して波のエネルギーの分布状態を表せる．この表現方法を周波数スペクトル，波数スペクトル，方向スペクトルという．周波数スペクトルは波の周期に関するエネルギー分布，波数スペクトルは波の波長に関するエネルギーの分布特性を表すものである．

沖合で発達した風波の数波数スペクトルの形状にはその波を観測した地域の特性を含んださまざまな形状が提案されており，周波数スペクトル $E(f)$ の一般的な表現式は

$$E(f) = A f^{-m} \exp(-B f^{-n}) \tag{4.9}$$

である.

ここで f は波の周波数で A, B は周波数スペクトルの特性を代表波の諸元や風速, 吹送距離を考慮する関数となっている. 代表的な周波数スペクトルはノイマン

$$A = 0.39(2\pi)^{-1}(H_{1/3})^2 T_{\mathrm{mean}}^{-5}, \quad B = 1.767 T_{\mathrm{mean}}^{-2},$$
$$m = 6, \quad n = 2 \tag{4.10}$$

ピアソン・モスコビッチ

$$A = 0.0081(2\pi)^{-4} g^2, \quad B = -0.74\left(\frac{2\pi U_{19.8}}{g}\right)^{-4},$$
$$m = 5, \quad n = 4 \tag{4.11}$$

ブレットシュナイダー

$$A = 0.430 H_{\mathrm{mean}}^2 T_{\mathrm{mean}}^{-4}, \quad B = 0.675 T_{\mathrm{mean}}^{-4}, \quad m = 5, \quad n = 4 \tag{4.12}$$

三易

$$A = 0.258 H_{1/3}^2 T_{1/3}^{-4}, \quad B = 1.03 T_{1/3}^{-4}, \quad m = 5, \quad n = 4 \tag{4.13}$$

JONSWAP

$$A = 7.6 \times 10^{-2} \left(\frac{gF}{U_{10}^2}\right)(2\pi)^{-5} g^2 \gamma^{\exp[(f/f_p - 1)/2\sigma_f^2]},$$
$$B = 1.25(f_p)^{-4}, \quad m = 5, \quad n = 4$$
$$\gamma = 0.33, \quad \sigma_f = \begin{cases} 0.07 & f \le f_p \\ 0.009 & f > f_p \end{cases} \tag{4.14}$$

周波数スペクトル E の単位は $m^2 \cdot s$ であり，波の波高の 2 乗と周期の積でエネルギーを表している．日本沿岸での波浪を検討する際には三易型のスペクトルが一般的に用いられ，三易スペクトルはブレットシュナイダー・三易スペクトルと表記され，ブレットシュナイダースペクトルが平均波高と周期で表現されているのを三易が有義波高と有義波周期に置き換えて表現したためである．

4.5　風波の発生・予測

　静止した水面に風が吹くと水面に波紋が生じて伝播する．海域で発生する風波は低気圧等によって発生した風が水面に吹きつけることによって，水面にせん断力が作用して波が発生する．風が一定の風速で作用し続けると波を発生させるエネルギーが供給されるために，波は発達し波高や周期が増大する．海上での風域は一定の範囲を有しており，風域の外では風が弱くなっており，風域外に伝播した波は風によるエネルギー供給を失い，うねりとなり伝播していく．図 4.3 は風による波浪の発達とその伝播を示している．

　風波の発達理論にはフィリップスの共鳴機巧，マイルズの相互作用機巧がある．フィリップスの共鳴機巧は海上の風域において風の不安定さがさまざまな周波数の圧力変動を海面に与えることによって海面における圧力変動の周波数に対応した風波が発達すると考える理論で，発生した風波の波速と風による圧力変動進行する速度が等しくなると共鳴現象が発生して波高が増大される．フィリップスの共鳴機巧は風波発生時の初期の状態を説明している．また，マイルズの相互作用機巧は，風波の波形に着目した場合，波の風上側と風下側で風による圧力が風上側で高くなり，風下側で小さくなるために風波が発生，発達する現象を説明した理論で，風速が増加するにしたがって波の風上側と風下側で圧力差が大きくなり波高が指数関数的に増大する．マイルズの相互作用機巧は風による波の発達過程を説明している．

　海洋において風が継続して一方向に吹くと風によって波が発生し，発達する．

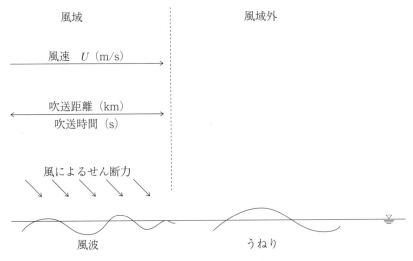

図 4.3　波高の発生確率

これは台風などの低気圧や前線が発生した際に周辺で強い風が発生し，発達した高波が沿岸域に襲来して越波や海岸侵食の被害を引き起こすことからも，風によって発達した波浪が海岸に与える影響は大きい．風による波浪の発生の仕組みはある一定以上の風が水面に吹き付けた際に風によるせん断応力によって波が発生し，継続して風が吹き続けることによって，波と風の相互作用により風波は発達して波の波高と周期は大きくなる．風によって発達する波は風の強さと吹き続ける時間によって上限なく発達するのではなく，風から受ける力と波の砕波エネルギーが等しくなる平衡状態に達すると波の発達が落ち着くといわれている．

　風波の発達には海域において風が発生する風域において，風速，風が作用する長さである吹送距離，風が作用している時間である吹送時間が風によって発達する風波の波高と周期に大きな影響を及ぼす．風波の推算には風波によって発生する有義波を推算する有義波法と風波のスペクトルを推算するスペクトル法がある．有義波法は風速，吹送時間，吹送距離から有義波の波高と周期を推定できるので風によって発達する風波を推定するには実用的な手法である．

風域が移動しない場合の有義波法に SMB 法がある. SMB 法は Svedrup, Munk, Bretscneider の 3 人の研究者によって提案された手法である. SMB 法は図 4.4 を用いて風速，吹送時間，吹送距離から有義波の波高と周期を推定できる.

SMB 法は風の条件，風速 U，吹送時間 t，吹送距離 F から A 風速が一定の場合と B 速が時間的に変化する場合の 2 つの場合において風波の波高と周期を推定できる.

○ 風速が一定の場合

風の諸量である風速 U，吹送時間 t，吹送距離 F を設定し風波の発達が吹送距離と吹送時間のどちらかで制限されるので ① 風速 U，吹送時間 t，② 風速 U，吹送距離 F の組合せで図 4.3 で有義波波高と有義波周期をそれぞれ推定し，① と ② で推定された有義波波高の小さい方を設定した風の条件で発達する風波として採用する

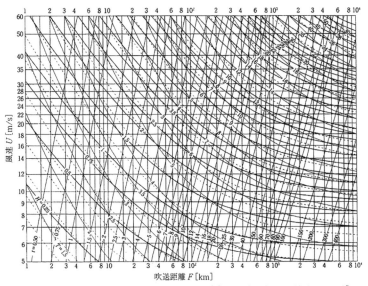

—— 波高 $H_{1/3}$ [m]　—— 周期 $T_{1/3}$ [s]　----- 最小吹送時間 t [h]　⋯⋯ 等エネルギー線 $(H_{1/3} \cdot T_{1/3})^2 =$ const.

図 4.4　SMB 法

○ 風速が変化する場合

　風の諸量が 2 段階で変化する場合の波浪の推算方法を考える．風の諸量 ① は風速 U_1，吹送時間 t_1，吹送距離 F_1 で風が作用した後，風の諸量 ② 風速 U_2，吹送時間 t_2，吹送距離 F_2 のように変化して風域に作用した場合を考える．まず風の諸量 ① の条件で有義波高，有義波周期を推定して，その推算した地点から等エネルギー線 $(H_{1/3}{}^2 \times T_{1/3}{}^2 = \text{const.})$ 上を移動して風の諸量 ② の風速 U_2 と交わる点まで移動する．その点における吹送時間 t' を読み取り，それを風の諸量 ② の吹送時間 t_2 に加えて $t_2 + t' = t_2'$ を算定する．ここで，t' は風の諸量 ② の吹送時間 t_2 に達するまでに作用した吹送時間であると考える．風の諸量 ② 風速 U_2，吹送時間 t_2，吹送距離 F_2 の吹送時間を t_2' に更新して風の諸量 ② 風速 U_2，吹送時間 $t_2{}'$，吹送距離 F_2 とし，① 風速 U，吹送時間 t，② 風速 U，吹送距離 F の組合せで有義波高と有義波周期を図 4.3 により推定して有義波高の小さい方を採用しそれが，風の諸量が 2 段階で変化した場合の風波の有義波高と有義波周期となる．

演習問題

問題 4.1

　ある風域で発生する有義波高 $H_{1/3}$ と有義波周期 $T_{1/3}$ を SMB 法によって求めよ．その際，海面から 10 m 地点における風の条件は風速 $U = 20\,\text{m/s}$，吹送距離 $F = 100\,\text{km}$，吹送時間 $t = 6\,\text{h}$ とする．

＜解答例＞

　風速と吹送距離，風速と吹送時間の 2 つの組合せで図 4.4 を用いた SMB 法で推定される有義波高と有義波周期の小さい方を採用する．

　まず風速と吹送距離で考える．図 4.4 より風速 $U = 20\,\text{m/s}$，吹送距離 $F = 250\,\text{km}$ の交点を探し，有義波高 $H_{1/3} = 3.7\,\text{m}$，有義波周期 $T_{1/3} = 7.0\,\text{s}$ が読み取れる．次に風速 $U = 20\,\text{m/s}$，吹送時間 $t = 6\,\text{h}$ の条件で図 4.4 より交

点を求めると，有義波高 $H_{1/3} = 5.6\,\mathrm{m}$，有義波周期 $T_{1/3} = 8.3\,\mathrm{s}$ となり，波高の小さい方を採用するので，有義波高 $H_{1/3} = 3.7\,\mathrm{m}$，有義波周期 $T_{1/3} = 7.0\,\mathrm{s}$ が解となる．

問題 4.2

ある風域で発生する有義波高 $H_{1/3}$ と有義波周期 $T_{1/3}$ を SMB 法によって求めよ．その際，海面から $10\,\mathrm{m}$ 地点における風の条件は，2 段階で変化し最初に発生する風の条件は風速 $U_1 = 18\,\mathrm{m/s}$，吹送距離 $F_1 = 300\,\mathrm{km}$，吹送時間 $t_1 = 16\,\mathrm{h}$ その後，風速 $U_2 = 20\,\mathrm{m/s}$，吹送吹送時間 $t_2 = 8.5\,\mathrm{h}$ とする．

＜解答例＞

図 4.4 より波のエネルギー $(H_{1/3} \times T_{1/3})^2$ が保存されると仮定して考える．手順は風条件 ① の $U_1 = 18\,\mathrm{m/s}$，吹送距離 $F_1 = 300\,\mathrm{km}$，吹送時間 $t_1 = 16\,\mathrm{h}$ で有義波高，有義波周期を推定し，その点から図の等エネルギー線に沿って風条件 ② の風速まで移動してその点での吹送時間 t' を求める．t' は風速 U_2 の条件で風が吹いたときに波が風速 U_2 の条件で定常となると考えられる最小の時間であるので風条件 ② の吹送時間 $t_2' = t_2 + t'$ となる．

風条件 ① の $U_1 = 18\,\mathrm{m/s}$，吹送距離 $F_1 = 300\,\mathrm{km}$，吹送時間 $t_1 = 16\,\mathrm{h}$ において，図 4.4 より $U_1 = 18\,\mathrm{m/s}$，吹送距離 $F_1 = 300\,\mathrm{km}$ の有義波高 $H_{1/3} = 4.8\,\mathrm{m}$，有義波周期 $T_{1/3} = 8.6\,\mathrm{s}$ となる．$U_1 = 18\,\mathrm{m/s}$，吹送時間 $t_1 = 16\,\mathrm{h}$ では有義波高 $H_{1/3} = 5.9\,\mathrm{m}$，有義波周期 $T_{1/3} = 9.3\,\mathrm{s}$ となり，風条件 ① では波高の小さい有義波高 $H_{1/3} = 4.8\,\mathrm{m}$，有義波周期 $T_{1/3} = 8.6\,\mathrm{s}$ の波となる．

次に等エネルギー線を利用して t' を図 4.4 から読み取る．風条件 ② の風速 $U_2 = 22\,\mathrm{m/s}$ まで周辺の等エネルギー線を参考に移動する．その地点の吹送時間 $t' = 11.5\,\mathrm{h}$ となり，$t_2' = t_2 + t' = 20\,\mathrm{h}$ となる．

風条件 ② では，風速 $U_2 = 20\,\mathrm{m/s}$，吹送吹送時間 $t_2' = 8.5\,\mathrm{h}$ と風速 $U_2 = 20\,\mathrm{m/s}$，吹送距離 $F_1 = 300\,\mathrm{km}$ の組合せについて図 4.4 より波浪を推定する．

風速 $U_2 = 20\,\mathrm{m/s}$, 吹送吹送時間 $t'_2 = 20\,\mathrm{h}$ では図 4.4 より有義波高 $H_{1/3} = 6.0\,\mathrm{m}$, 有義波周期 $T_{1/3} = 9.6\,\mathrm{s}$, 風速 $U_2 = 20\,\mathrm{m/s}$, 吹送距離 $F_1 = 300\,\mathrm{km}$ では有義波高 $H_{1/3} = 5.6\,\mathrm{m}$, 有義波周期 $T_{1/3} = 9.0\,\mathrm{s}$ となり, 風条件 ② で発生する波浪は, 有義波高 $H_{1/3} = 5.6\,\mathrm{m}$, 有義波周期 $T_{1/3} = 9.0\,\mathrm{s}$ となる.

問題 4.3

2 つの周期の異なる正弦波の足し合わせで形成される波について, 時刻 $t = 200\,\mathrm{s}$, 位置 $x = 200\,\mathrm{m}$ における水面の高さ η を求めよ. ただし波は鉛直 2 次元に存在するものとし水平方向を x, 鉛直方向を z 軸とする. 波 ① $H_1 = 1.0\,\mathrm{m}$, $f_1 = 0.6\,\mathrm{s}^{-1}$, $\varepsilon_1 = 0.5\,\mathrm{s}$, 波 ② $H_2 = 0.8\,\mathrm{m}$, $f_2 = 0.3\,\mathrm{s}^{-1}$, $\varepsilon_2 = 1.5\,\mathrm{s}$ とする. また, この海域の水深は十分深く, 波 ①, ② は深海波と仮定できるとする.

<解答例>

合成波の式を用いる際に波数 k が未知数でそれ以外の波高 H, 空間座標 x, 波の周波数 f, 時刻 t, 位相時間 ε は問題で設定されている. 深海波の波数は波長から計算することが出来るので

波 ① の波長は周波数 $f_1 = 0.6\,\mathrm{s}^{-1}$ を $T_1 = 1.666\,\mathrm{s}$ として

$$L_1 = \frac{gT^2}{2\pi} = \frac{9.81 \times 1.66^2}{2 \times 3.14} = 4.339$$

波 ② の波長は周波数 $f_2 = 0.3\,\mathrm{s}^{-1}$ を $T_2 = 3.333\,\mathrm{s}$ として $L_2 = 17.356\,\mathrm{m}$ となる.

波 ① の波数 k_1 は

$$k_1 = \frac{2\pi}{L_1} = \frac{2 \times 3.14}{4.34} = 1.447$$

波 ② の波数 k_2 は同様に $k_2 = 0.361$ となる.

以上より, 波形を表す式を用いて

波 ① の時刻 $t = 200\,\mathrm{s}$, 位置 $x = 200\,\mathrm{m}$ における水面の高さ $\eta 1$ は

$$\eta_1 = \frac{1}{2}H_1 \cos\left[k_1 x - 2\pi f_1(t + \varepsilon_1)\right] = 0.239$$

より，$\eta1 = 0.239\,\mathrm{m}$，同様に波 ① の時刻 $t = 200\,\mathrm{s}$，位置 $x = 200\,\mathrm{m}$ における水面の高さ $\eta2 = 0.327$ となり，水面の高さ $\eta = \eta1 + \eta2 = 0.566\,\mathrm{m}$ となる．

引用・参考文献

1) 服部昌太郎：海岸工学，株式会社 コロナ社，2001.

2) 岩田好一朗，水谷法美，青木伸一，村上和男，関口秀夫：海岸環境工学，株式会社 朝倉書店，2005.

3) 川崎浩司：沿岸域工学，株式会社 コロナ社，2013.

4) 土木学会編：水理公式集，1999.

〈この章で学ぶべきこと〉

本章では，周期が長い波「長周期波」の発生メカニズム，特徴，及ぼす影響について理解する．海にはいろいろな波があり，それらが重なり成り立っている．波の発生要因も風，低気圧，船の航行によるものなど，さまざまである．長周期波は，一見したところ波がないように見え，非常にゆっくりと，いわば海面全体が持ち上がるように上下することを学習する．

〈学習目標〉

● 長周期波の種類，メカニズムを理解し他者へ説明できる

● 長周期波が及ぼす影響について理解し，対応策を検討することができる

5章　海面の変動

5.1　海面変動を起こす力

第2章から第4章まで，風によって発生する風波について説明してきた．この他に海面の変動な主なものとして，非常に長い周期・波長を有する津波，高潮や潮汐などがある．これらは，甚大な被害をもたらすものとして，現象の理解，特性を理解することが重要である．海面の変動を起こす，これらの力は風波やうねりよりも小さいエネルギーであるものの，第2章で示したように周波数は小さく決して無視できない駆動力であることが分かる（図2.2を参照）．

5.2　長周期波

一般的に周期が30秒以上の波を長周期波と呼ぶ．長周期波は相対水深が非

常に小さいため鉛直方向の加速度を無視できる．ここでは，鉛直 2 次元波動場
を考えオイラーの運動方程式から長波理論により基礎方程式を導いていく．オ
イラーの運動式は式 (5.1)，式 (5.2)，連続式は式 (5.3) である．

$$\frac{\partial u}{\partial t} + u\frac{\partial u}{\partial x} + w\frac{\partial u}{\partial z} = -\frac{1}{\rho}\frac{\partial p}{\partial x} \tag{5.1}$$

$$\frac{\partial w}{\partial t} + u\frac{\partial w}{\partial x} + w\frac{\partial w}{\partial z} = -\frac{1}{\rho}\frac{\partial p}{\partial z} - g \tag{5.2}$$

$$\frac{\partial u}{\partial x} + \frac{\partial w}{\partial z} = 0 \tag{5.3}$$

w 方向の運動方程式は鉛直方向の加速度を無視できることを考慮すると，式
(5.3) は

$$\frac{\partial p}{\partial z} = -\rho g \tag{5.4}$$

と静水圧の式になる．自由表面 ($z = \eta$) における圧力が大気圧 ($p = p_0$) に等し
い時，

$$p = p_0 + \rho g\left(h + \eta - z\right) \tag{5.5}$$

となる．したがって，式 (5.1) は以下の長波理論における運動方程式に変形で
きる．同様に連続式は式 (5.7) のようになる．

$$\frac{\partial u}{\partial t} + u\frac{\partial u}{\partial x} + w\frac{\partial u}{\partial z} = -g\frac{\partial \eta}{\partial x} \tag{5.6}$$

$$\frac{\partial \eta}{\partial t} + \frac{\partial}{\partial x}\left\{u\left(h + \eta\right)\right\} = 0 \tag{5.7}$$

ここに，u, w はそれぞれ x 方向，z 方向の流速成分，ρ は密度，p は圧力，g は
重力加速度，η は自由水面，h は水深を示す．

5.3 潮汐

5.3.1 起潮力

　潮汐を生じさせる力を起潮力といい，主には月および太陽の引力，地球の月との共通重心周りの公転運動による慣性力である．したがって起潮力は月だけに限らずその大きさは天体間の距離に反比例する．

$$F_\mathrm{t} \propto \frac{M}{D^3} \tag{5.8}$$

ここで，地球における潮汐では D が地球から距離，M は質量である．起潮力はポテンシャル力であるため，月と太陽の起潮力を足し合わせたものが，実際の水面に働く起潮力となる．したがって，図5.1 に示すように月・太陽・地球が一直線に並んだ時，すなわち，満月や新月の時は，月と太陽の起潮力が重なり合い，満潮の潮位が最も高くなり，干潮の潮位は最も低くなる．この現象を大潮と呼ぶ．また，地球から見て月と太陽が直角に見える時，すなわち半月の時，両者の起潮力が打ち消し合って，満潮と干潮の差が最も小さくなる．この現象を小潮という．月や地球は公転面に対して地軸が傾いているため，緯度によって起潮力の働きが異なる．本州沿岸では，半日潮が卓越するのに対し，オ

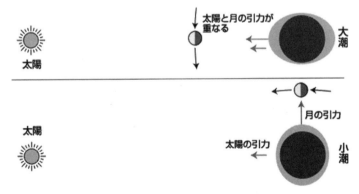

図 5.1　潮汐の発生に係る太陽，月と地球との関係 [1]

ホーツク沿岸では一日潮が卓越するのはこれが要因である．

5.3.2　潮位の分解

図 5.2 のように，潮位による海面の変動はさまざまな周期の変動が重なっている．したがって変動成分を分解して，理解する必要がある．

潮位変動は次のフーリエ級数和で表される．

$$\eta(t) = \eta_0 + \sum_{n=1}^{i} f_i a_i \cos\left\{(V_0 + u)_i + \omega_i t + \kappa_i\right\} \tag{5.9}$$

ここで，η_0 は平均潮位，f_i は分潮の振幅に関する因数，a_i は振幅，$(V_0 + u)_i$ は移送に関数する因数，ω_i は角速度，κ_i は遅角を表す．

潮位変動を調和分解して，振幅，周期および位相の異なる多くの三角関数の和として表した時の個々の変動を分調という．分調のうちの主太陰半日周潮 (M_2)，日月合成日周潮 (K_1)，主太陽半日周潮 (S_2)，主太陰日周潮 (O_1) の順序に振幅が卓越しているため，これらを主要 4 分調と呼ぶ（**表 5.1**）．主太陰半日周潮

１０月

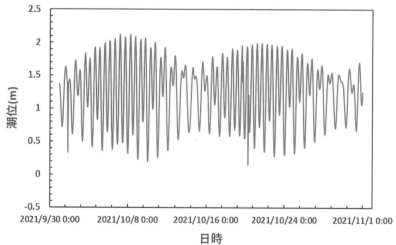

図 5.2　千葉県船橋港の潮位観測記録（2021 年 10 月）

表 5.1　主要 4 分潮

記号	名称	角速度 [°/h]	周期 [h]	起潮力の相対値
M_2	主太陰半日周潮	28.984	12.25	0.454
S_2	主太陽半日周潮	30.000	12.00	0.212
K_1	日月合成日周潮	15.041	23.56	0.265
O_1	主太陰日周潮	13.943	25.49	0.1886

(M_2) は月の引力による周期が 12 時間 25 分の半日周潮, 日月合成日周潮 (K_1) は周期が 23 時間 56 分の日周潮, 主太陽半日周潮 (S_2) は太陽の引力による周期が 12 時間の半日周潮, 主太陰日周潮 (O_1) は月の引力による周期が 24 時間 49 分の日周潮である.

5.3.3　潮位の基準面

海面の水位や水深は潮位などにより常に変化をしている. そこで, ある基準面からの距離として定義がなされている. 例えば海図などは基本水準面 (chart datum level：C. D. L) に基づいて作成されている. 平均海面 (起潮力の影響がない場合を想定した仮想的な海面) から主要 4 分調の振幅の合計値 ($a_M + a_S + a_K + a_O$) を差引いた位置を略最低低潮面または基本水準面と呼び, 平均水面に主要 4 分調の振幅の合計値を加えた位置を略最高高潮面と呼ぶ. 最低水面 (略最低低潮面) は, 海図の水深の基準面である. これは船舶に対して, その海域の水深がその値より浅くならないことを示すのに好都合であるからである. また, 国際海洋法第 7 条によれば領海や排他的経済水域を決める基線は低潮線とされているが, この低潮線とは最低水面 (略最低低潮面) と陸の交線のことである. また, 国土地理院の地形図図式適用規定により地形図上の海岸線は略最高高潮面と陸の交線である. 標高など陸域の基準面として, 東京湾平均海面 (Tokyo Peil：T.P) が用いられる. 港湾, 河川, 水路などを管理する場合は, 東京湾平均海面ではなく各水域の基準面が採用される. この他には沿岸構造物の計画・設計・施工において重要な基準面として, 既往最高潮位 (highest high water level：

H.H.W.L) や既往最低潮位 (lowest low water level：L.L.W.L) があり，観測
期間中の最も高い潮位あるいは最も低い潮位を意味する．それぞれの位置関係
は図 5.3 に示す通りである．

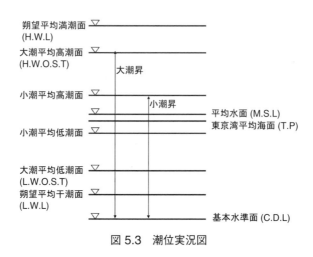

図 5.3 潮位実況図

5.3.4 港や湾の海面振動

　港や湾のように閉鎖性の強い海域では，形状により決定する固有周期が存在
し，この周期に近い波が伝播してくると共振が発生し大きな水位変動となる．
潮位では天文潮に数分から数十分の振動が重なる場合があり，副振動またはセ
イシュと呼ばれる．副振動は津波や高潮により発生することもある．図 5.4(a)
に湾水振動による増幅率，図 5.4(b) に形状別の副振動の生じ方を示す．

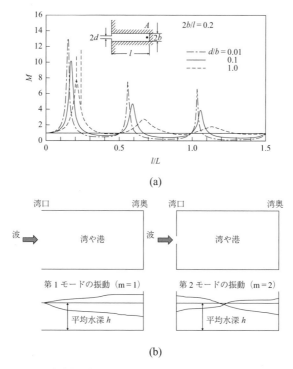

(a)

(b)

図 5.4　湾水振動における増幅率および形状と振動の関係

5.4　津波

5.4.1　発生メカニズム

　津波は，気象による要因以外で発生した波動であり，海底下の地震，海底斜面の土砂崩落，氷山の崩落などによって生じるが，最も規模が大きい津波は海底地震に伴う地殻変動によるものである．海底地震には，地球表面上のプレートが地球内部に沈降する時，反対側に接触しているプレートを引き込み，引き込まれたプレートはひずみによる変形を蓄積させ，その限界を超えるとひずみを解放させることで，プレートの端を大きく変位させるものがある．また，断層運動により，地盤が隆起あるいは沈降し海底面が変化することに伴う海面の

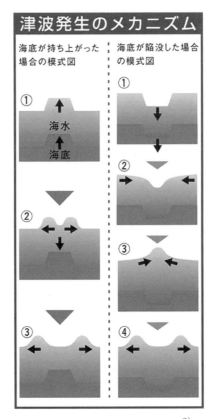

図 5.5　津波発生のメカニズム [2)]

上昇あるいは沈降がある（**図 5.5**）．津波の規模は，地震の規模（マグニチュード）と震源の深さに依存し，規模が大きいほど津波の高さは高くなる．日本周辺は太平洋プレート，フィリピン海プレート，ユーラシアプレート，北米プレートがぶつかり合っており（**図 5.6**），どの沿岸域においても津波が発生する可能性がある．

5.4.2　津波の伝播

　津波は水深に比べて波長が長く，長波であるので，その伝播速度 c は水深を h,

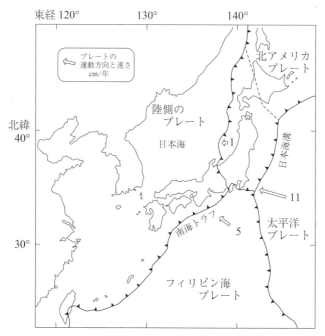

図 5.6　日本周辺のプレート境界と震央の位置，震源の深さ

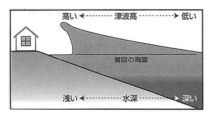 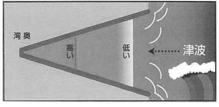

図 5.7　津波の伝播速度の変化と波高の変化 [3]

重力加速度は g とすると第 2 章で導出したように $c = \sqrt{gh}$ で算出される．このように津波の伝播速度は水深に比例するから，水深が深い場所では伝播速度は速く，沿岸域周辺では速度が低下することになる（図 5.7）．一方で，津波は数分から数十分と周期が長く，ほとんど砕波することなく遠方域にまで伝播する．例えば，日本近海から約 17,000 km の距離にある南米のチリで発生した津波は，

平均水深からの換算で約 24 時間で日本近海に到達する（実際のチリ地震津波
（1960 年）の日本への到達時間は 22.5 時間）．地震に伴う海面の変動は数メート
ル程度であるが，沿岸域では水深変化に伴う浅水変形や大陸棚など海底，海岸
形状による増幅により，10 m 以上の高さになることがある（図 5.7）．このよう
に沿岸域に近づくにつれ砕波することなく，波高が高くなり港や沿岸地域へ大
きな被害を及ぼす可能性がある．津（＝港）に到達し，大きな被害を及ぼす波で
あることから，津波と呼ばれている．日本において過去に大きな被害を及ぼし
た津波は，その衝撃の大きさから英語表記においても TSUNAMI として 1896
年から用いられている．波向線の間隔や水深が緩やかに変化する場合，津波の
波高変化は微小振幅波理論に基づいて次のように誘導される．図 5.8 に示す断
面 1，断面 2 での波のエネルギーは第 2 章で導出した $E_1 C_{g1} b_1 = E_2 C_{g2} b_2$ の
エネルギー保存が成り立っている．この時波の平均エネルギー $E = (1/8)\rho g H^2$
を各断面でのエネルギーとして代入すると次のようになる．

$$H_1^2 C_{g1} b_1 = H_2^2 C_{g2} b_2 \tag{5.10}$$

この式を断面 1 と断面 2 との波高比で整理すると，

$$\frac{H_2^2}{H_1^2} = \frac{C_{g2}}{C_{g1}}\frac{b_2}{b_1} \tag{5.11}$$

$$\frac{H_2}{H_1} = \left(\frac{C_{g2}}{C_{g1}}\right)^{\frac{1}{2}} \left(\frac{b_1}{b_2}\right)^{\frac{1}{2}} \tag{5.12}$$

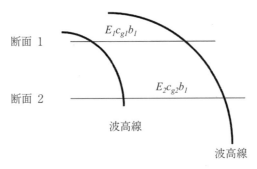

図 5.8　波のエネルギー

となる．ここで，前述の通り長波の群波速は $C_{\mathrm{g}} = C = \sqrt{gh}$ であるから，次のようにまとめられる．

$$\frac{H_2}{H_1} = \left(\frac{h_1}{h_2}\right)^{\frac{1}{4}} \left(\frac{b_1}{b_2}\right)^{\frac{1}{2}} \tag{5.13}$$

ここで，H は各断面における波高，C_{g} は各断面における群速度，b は各断面における波向線の間隔，h は各断面における水深である．式 (5.13) をグリーンの法則と呼ぶ．津波は1波だけではなく引き続いて数波が来襲することがある．津波は波長が長いので，最初の津波（第1波）の先端が通過した後方の水深は，当初より深い状態になっている．第2波はその水面の上を伝播するので，相対的に波峰の高さは高くなる．また，第1波が伝播した時より水深が深くなっているので，その伝播速度は第1波より早くなる．

5.4.3 津波防災

日本は過去に多くの津波被害を受け，津波防災には防護と避難の両者が重要であることを経験してきた．防護には，海岸堤防，津波防波堤，水門・陸閘の建設や住居の高台移転が考えられる．2011年3月11日に発生した東北地方太平洋沖地震による東日本大震災以降では，津波対策に要求される性能を津波の規模に応じて変えることとなった．具体的には国の中央防災会議において，「今後の津波対策を構築するにあたって基本的に2つのレベルの津波を想定する必要がある」としている．1つは，発生頻度は極めて低いものの，発生すれば甚大な被害をもたらす最大クラスの津波（これをレベル2津波という）．もう1つは，最大クラスの津波に比べて発生頻度は高く，津波高は低いものの大きな被害をもたらす津波（これをレベル1津波という）である．レベルの違いは対策の要求性能により異なり，例えば津波対策の堤防を構築する場合には，レベルⅠ津波では越流を防止し，レベルⅡの津波では越流を許容している．頻度の高いレベルⅠ津波では，海岸保全設備の整備により対策することを基本として，設計対象の津波高を超えたとしても施設の効果が粘り強く発揮できるように実施してくものである．レベルⅡ津波ではハード対策だけでは限界があり，まちづ

くりや警戒避難体制の確立と組み合わせた「多重防御」により対策することを目指している.

　避難においては，避難場所の明示や避難経路を確保する計画が重要である.避難計画では，想定する津波の到達時刻，波高や浸水範囲が重要であり，内閣府中央防災会議がデータを公開している.各自治体においては，このような科学データをもとにして避難場所が決められる.具体的な避難場所・施設として高台，津波避難ビル，津波タワーなどが設置されている.これらの位置情報などが地図上にまとめたものが津波避難マップ（ハザードマップ）であり，地方自治体が検討して作成，公開している.

5.5　高潮

5.5.1　発生メカニズム

　低気圧（台風）の影響で生じる海面の上昇を高潮といい，潮汐の天文潮に対して，高潮は気象による潮位変動なので気象潮といわれる.高潮は，図 5.9 のように気圧低下による海面の吸い上げ効果（海面上昇）と，沖合からの風による海水の吹き寄せ効果，砕波による平均水位の上昇 (wave setup) が要因となっている.台風が遠方にある時点から若干の水位上昇（前駆波）が生じ，台風が

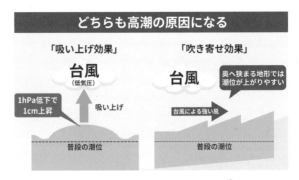

図 5.9　高潮の発生メカニズム [4)]

接近すると急激な水位上昇となる（高潮）. 台風が通過した後は大きな水位の振動（揺れ戻し）が発生する. このような高潮の時間変化は過去の記録からも確認ができる.・図 5.10 は 1959 年に甚大な被害をもたらした伊勢湾台風による名古屋港での潮位と気圧の関係である. 海面の潮位は約 T.P + 1.0 m から最高潮位で T.P + 3.89 m を記録している. 一般的に海面は気圧が 1 hPa 低下すると約 1 cm 上昇し, 風速の 2 乗に比例して上昇するといわれている. 伊勢湾台風では最低気圧 958.2 hPa, 最大瞬間風速 45.7 m/s を観測している.

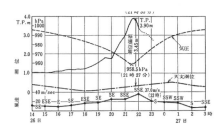

図 5.10　伊勢湾台風による名古屋港での水位変動

近年では流体の基礎方程式をもとに高潮の潮位を算出可能であるが, 簡易的には従来から気象庁において以下の経験式が用いられてきた.

$$h = a\Delta p + b\left(U_{\max}\right)^2 \cos\theta + c \tag{5.14}$$

ここで, a, b, c は地点ごとの定数, Δp は 1010 hPa と最低気圧との差, $U_{\max}$ は最大風速 (m/s), θ は最大風速の主方向とのなす角度である.

5.5.2　高潮防災

高潮は低気圧や台風の通過に伴って頻繁に生じ, 上昇した海面上に強風によって生じた高波が襲来するため, 高潮防災には高さによる防護, すなわち, 堤防などの天端高を高くすることが必要になる. そのため, 防波堤や堤防の天端高は, 過去の台風による潮位偏差やモデル台風によって求められた潮位偏差を計画潮位とし, これに設計波による防波堤への打ち上げを考慮し, 越流必要な排

水能力を勘案した許容越波量と考え合わせて設定される.

　過去の 50 年代から 70 年代初頭まで大きな高潮が発生しており，80 年代は大きな高潮は発生していないが 90 年代には再び大きな高潮が発生している.

　高潮から沿岸を防護するために，国土交通省などにより海岸堤防等の施設が整備されている．設計にあたっては，費用・景観・利用の面から以下を参考に潮位の上限として図 5.11 のように設計高潮位を定めている.

　「設計潮位（朔望平均満潮位＋吸い上げ＋吹き寄せ）＋うちあげ高＋余裕高」

　また，津波と同様にソフト対策として避難場所の明示や避難経路を確保が重要であり，日ごろの備えが大切である.

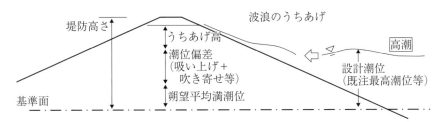

図 5.11　高潮対策としての堤防高さの考え方[5]

演習問題

問題 5.1

　水深 500 m で一様な海域を波高 3 m の津波が伝播している．この時の波速を求めよ.

〈解答例〉

　津波は長波なので第 2 章で導かれた式を用いて

$$c = \sqrt{gh} = \sqrt{9.8 \times 500} = 70 \, \text{m/s}$$

問題 5.2

　水路幅が $50\,\mathrm{m}$ から $30\,\mathrm{m}$ へ，水深が $15\,\mathrm{m}$ から $10\,\mathrm{m}$ へ変化する地形を津波が伝播する時，津波の高さが何倍に増幅するか求めよ．

〈解答例〉

　グリーンの法則（式 (5.14)）に各地点における水路幅，水深を代入して

$$\frac{H_2}{H_1} = \left(\frac{h_1}{h_2}\right)^{\frac{1}{4}} \left(\frac{b_1}{b_2}\right)^{\frac{1}{2}} = \left(\frac{15}{10}\right)^{\frac{1}{4}} \left(\frac{50}{30}\right)^{\frac{1}{2}} = 1.43$$

したがって，波高は 1.43 倍になる．

引用・参考文献

1) https://www.kahaku.go.jp/exhibitions/vm/resource/tenmon/space/moon/moon04.html
2) https://www.umeshunkyo.or.jp/marinevoice21/umidas/244/index.html
3) https://www.thr.mlit.go.jp/Bumon/B00097/K00360/miyagijishin/sikumi.html
4) https://spreading-earth-science.com/typhoon-effect/
5) https://www.mlit.go.jp/river/pamphlet_jirei/kaigan/kaigandukuri/takashio/1mecha/01-0.htm

〈この章で学ぶべきこと〉

本章では，波の作用によって発生する海浜流について説明する．海浜流は，漂砂現象に強く影響している．海浜流を構成する沿岸流や離岸流，海底砂の移動である漂砂現象，海浜の平面的な地形の特徴などについても学習する．

〈学習目標〉

● 海浜流の発生原因であるラディエーション応力について理解できる

● 漂砂と海浜の縦断面地形の関係について説明できる

6章　沿岸域の流れと漂砂

6.1　沿岸域の流れ

　海において生じる顕著な流れは海流と潮流であるが，海岸線付近の沿岸域では，波の作用によって流れが発生する．この海岸付近の流れは，沿岸域の水位変動，漂砂現象に強く影響している．入射波の砕波が起因して，海浜流が発生する．海浜流には，図6.1 に示すように汀線にほぼ平行方向に流れる沿岸流，汀線に対して局所的に垂直方向の沖合に流れる離岸流などがある．離岸流は流速が $2\,\mathrm{m/s}$ を超える強い流れとなることがあり，水難事故を海水浴客に招く場合もある．

　図6.2 は一様な勾配 i の海岸に斜め上から波が入射し，水深 h_b で砕波した後，さらに汀線に向かって進行している状況を示している．図6.2(a) は断面図，図6.2(b),(c) が平面図である．沿岸流は図6.1(c) に示すように，一般的に砕波点と汀線の間で最大値となり，岸に向かって減少する．

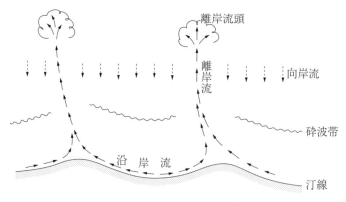

図 6.1　海浜流の模式図 [1]

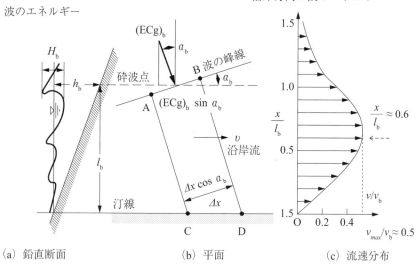

（a）鉛直断面　　　　　（b）平面　　　　（c）流速分布

図 6.2　沿岸流の発生条件 [2]

　図 6.2 に示すように，砕波点を包含する波峰線 AB の岸方向の伝播について検討する．図中の点 C と D は，波峰線上の点 A と B が岸方向に平行移動した場合の汀線との交点である．沿岸流において，波峰線 AB の伝播に伴い輸送さ

れるエネルギーの一部は，台形 ABCD の領域内で発生する海底との摩擦によって消失する．AB の長さは $\Delta x \cos \alpha_b$ でとなる．これは，Δx を CD，α_b を砕波点での入射波の波向としている．

波のエネルギー E は群速度 Cg で輸送されるから，砕波点でのエネルギー輸送量を $(CgE)_b$ とする．したがって，エネルギー輸送量の沿岸方向は，図 6.2 を参照して $s(CgE)b\Delta x \cos \alpha_b \sin \alpha_b$ のようになる．ここに，s は沿岸流の状況を考慮するための補正係数である．

海底摩擦による単位時間あたりのエネルギーの損失が ABCD の領域内において生じる場合に，摩擦力が速度の 2 乗に比例するとして，底面摩擦力を $f\rho|u|v$ とする．ここに，f は摩擦係数，u は砕波後の波動運動に伴う水粒粒子速度であり，v は沿岸流速である．水粒子速度 u は式中に三角関数を含むことから，負の値を持つ場合もあるので絶対値となっている．また，u の振幅を u_m とすると，u > v を仮定して波の 1 周期平均のエネルギー損失は $1/2\, f\rho u_m{}^2 v$ となる．$1/2\, f\rho u_m{}^2 v$ は単位面積おける量であるから，領域 ABCD の面積 $\ell_b\Delta x$ を乗じることで波峰線 AB の岸方向への伝播により領域 ABCD での海底摩擦によって失われるエネルギーは，$(1/2)f\rho u_m{}^2 v\ell_b\Delta x$ となる．（ℓ_b は砕波点と汀線の間隔）．

沿岸方向のエネルギー輸送量 $s(CgE)b\Delta x \cos \alpha$ と海底摩擦により消失したエネルギーは $(1/2)\, f\rho u_m^2 v\ell_b\Delta x$ が等しいとすると式 (6.1) が導出できる．

$$s(CgE)b\Delta x \cos \alpha_b \sin \alpha_b = (1/2)\, f\rho u_m{}^2 v\ell_b\Delta x \qquad (6.1)$$

式 (6.1) から沿岸流速を定量的に求めるために，砕波点での群速度 $(Cg)_b$ を長波の波速 $\sqrt{gh}$ とし，砕波点での波の振幅を a_b とした波のエネルギー $E_b = 1/2\rho ga_b{}^2$ の a_b を，mh_b とする．ここに，m は比例定数である．海底での水粒子速度の振幅 u_m は，砕波点よりも岸側での水粒子速度を検討対象として，水深が浅いことから $\sinh kh = kh$ とすると，a_b を mh_b で与えると，$u_m = m\sqrt{gh_b}$, $\ell_b = h_b/i$ を適用すると式 (6.2) が求まる．ここに，s は経験定数である

$$v = (si/f)\sqrt{gh_b} \cos \alpha \, b\sin \alpha b \qquad (6.2)$$

図 6.2 の v_b は式 (6.2) に基づき，式 (6.2) により沿岸流速を概算することができる．

6.2 ラディエーション・ストレス

海浜流の発生にはラディエーション・ストレスが大きく寄与している．非圧縮性の定常流内の流管を考えると，**図 6.3** に示すように流管の断面 1, 2 における断面積を a_1, a_2, 圧力を p_1, p_2, 流速を u_1, u_2 とし，流体の密度を ρ とする．断面 1 を通して単位時間に入る運動量は，

$$m_1 u_1 = (a_1 \rho u_1) \times u_1$$

断面 2 から単位時間に出る運動量は，

$$m_2 u_2 = (a_2 \rho u_2) \times u_2$$

である．したがって，断面 1 と 2 の流管において単位時間に起こる運動量の変化は，

$$\rho(a_2 u_2^2 - 1 u_1^2)$$

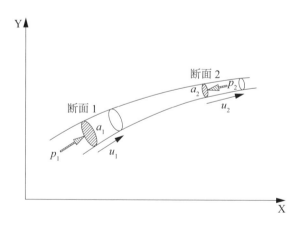

図 6.3　流管への流入と流出

である．また，単位時間に働く力は断面1で流れの方向に

$$(p_1 a_1) \times 1$$

断面2で流れと反対方向に

$$(p_2 a_2) \times 1$$

である．その和は

$$p_1 a_1 - p_2 a_2$$

である．ここで，運動量保存の法則を考慮すると，ある時間内の運動量の変化はその間に作用した力積に等しいから，次式を得る．

$$\rho(a_2 u_2^2 - a_1 u_1^2) = p_1 a_1 - p_2 a_2$$
$$a_1(\rho u_1^2 + p_1) = a_2(\rho u_2^2 + p_2) \tag{6.3}$$

は単位体積当たりの運動量の単位時間当たりの輸送，すなわち運動量フラックスであるから，これにpを加えた$(\rho u^2 + p)$も運動量フラックスといえる．

　進行波についても同様の考えが適用できる．図6.4のように座標軸をとると，波の進行方向に直角な単位面積を横切る波の運動量フラックスは，水中圧力をp，水平方向の波による水粒子速度をuとすると，

$$(\rho u^2 + p)$$

と表せられる．

　また，波がない場合，流速がなく静水圧p_0に等しい．これらを深さ方向に積分し，時間平均をとると，

$$\frac{1}{T} \int_0^T \int_{-h}^{\zeta} (p + \rho u^2) dz dt - \frac{1}{T} \int_0^T \int_{-h}^{\zeta} p_0 dz dt$$

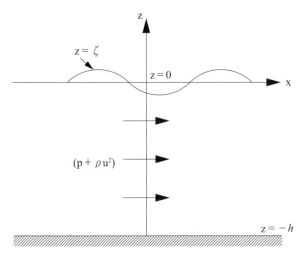

図 6.4　進行波の運動量フラックス

$$= \frac{1}{T} \int\limits_{0}^{T} \int\limits_{-h}^{\zeta} (p + \rho \mathrm{u}^2) dz \mathrm{dt} - \frac{1}{2} \rho g h^2 \qquad (6.4)$$

ここに，$\mathrm{p}_0 = \rho gz$，T は波の周期である．

　式 (6.2) は波の進行方向に直角な面に作用する波の進行方向のラディエーション応力である．すなわちラディエーション応力とは，波の存在する時の運動量フラックスから静水圧を差し引いたものであり，波動運動に伴う過剰な運動量フラックスである．

　ラディエーション応力は，一般に $\mathrm{S}_{i,j}$ と表記される．これは座標の i 軸に直角な面に作用する j 方向のラディエーション応力を意味している．波の進行方向に x 軸，それに直角な方向に y 軸をとると，ラディエーション応力の各成分 S_{xx}，S_{xy}，S_{yx}，S_{yy} は図 6.5 にあるように示される．

　式 (6.4) に微少振幅表面波理論から求められる水粒子速度，圧力を用いると式 (6.5) を得る．

$$\mathrm{S}_{xx} = \mathrm{E}\left(2n - \frac{1}{2}\right), \quad \mathrm{S}_{yy} = E\left(n - \frac{1}{2}\right) \qquad (6.5)$$

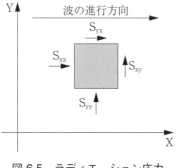

図 6.5 ラディエーション応力

ここに，$E = \dfrac{1}{8}\rho g H^2$ は波のエネルギー，$n = \dfrac{1}{2}\left(1 + \dfrac{2\mathrm{k}h}{\sinh 2\mathrm{k}h}\right)$ は波速と群速度の比である．

一般的な場合として，波向きと x 軸が角をなすように座標をとると，進行波のラディエーション応力は式 (6.6) のようになる．

$$S_{xx} = E\frac{C_g}{C}\cos^2\theta + E\left(\frac{C_g}{C} - \frac{1}{2}\right) = E\left\{\left\{\mathrm{n}(\cos^2\theta + 1) - \frac{1}{2}\right\}\right\}$$

(6.6a)

$$S_{xy} = S_{yx} = E\frac{C_g}{C}\sin\theta\cos\theta = \frac{1}{2}E\mathrm{n}\sin 2\theta$$

(6.6b)

$$S_{yy} = E\frac{C_g}{C}\sin^2\theta + E\left(\frac{C_g}{C} - \frac{1}{2}\right) = E\left\{\mathrm{n}(\sin^2\theta + 1) - \frac{1}{2}\right\}$$

(6.6c)

6.3 海浜流の基礎方程式

波動運動に伴う海岸線付近での流れは，図 6.1 に示すように波による沖から岸方向へ向かう質量輸送による流れと質量輸送された水塊が岸から沖方向に向かう離岸流，ならびに沿岸流に大別される．海浜流の基礎方程式は，連続式と運動方程式である式 (6.7) と式 (6.8) で与えられる．

$$\frac{\partial \zeta}{\partial t} + \frac{\partial U(h + \overline{\zeta})}{\partial x} + \frac{\partial V(h + \overline{\zeta})}{\partial y} = 0 \tag{6.7}$$

$$\frac{\partial U}{\partial t} + U\frac{\partial U}{\partial x} + V\frac{\partial U}{\partial y} = \frac{\partial}{\partial x}\left(\varepsilon\frac{\partial U}{\partial x}\right) + \frac{\partial}{\partial y}\left(\varepsilon\frac{\partial U}{\partial y}\right)\frac{\partial \overline{\zeta}}{\partial x}$$
$$- \frac{1}{\rho(h + \overline{\zeta})}\left(\frac{\partial S_{xx}}{\partial x} - \frac{\partial S_{xy}}{\partial y}\right) - \tau_{bx} \tag{6.8a}$$

$$\frac{\partial V}{\partial t} + U\frac{\partial V}{\partial x} + V\frac{\partial V}{\partial y} = \frac{\partial}{\partial x}\left(\varepsilon\frac{\partial V}{\partial x}\right) + \frac{\partial}{\partial y}\left(\varepsilon\frac{\partial V}{\partial y}\right) - g\frac{\partial \overline{\zeta}}{\partial y}$$
$$- \frac{1}{\rho(h + \overline{\zeta})}\left(\frac{\partial S_{yx}}{\partial x} - \frac{\partial S_{yy}}{\partial y}\right) - \tau_{by} \tag{6.8b}$$

ここに，U と V は水平方向に積分された岸沖と沿岸方向の流速，$\overline{\zeta}$ は平均水位，ε は拡散係数，τ_{bx} と τ_{by} は海底摩擦項である．汀線が直線であり，等深線が汀線に平行な海岸に波が直角に $\theta = 0°$ で入射する時に，沿岸方向の勾配 $\frac{\partial}{\partial y} = 0$ であり，定常状態 $\frac{\partial}{\partial t} = 0$ を仮定すると，式 (6.7) と式 (6.8) は式 (6.9) と式 (6.10) のようになる．

$$U(h + \overline{\zeta}) = \text{const.} \tag{6.9}$$

$$g\frac{\partial \overline{\zeta}}{\partial x} = -\frac{1}{\rho(h + \overline{\zeta})}\frac{\partial S_{xx}}{\partial x} \tag{6.10}$$

　式 (6.10) は水位勾配とラディエーション応力とのつり合いの関係を示すものであり，岸沖方向に波高が一様でない場合にラディエーション応力に勾配が生じて，水位が変動することを示している．

　式 (6.10) は水位勾配とラディエーション応力とのつり合いの関係を示すものであり，岸沖方向に波高が一様でない場合にラディエーション応力に勾配が生じて，水位が変動することを示している．

　汀線が直線で汀線に平行な等深線を持つ海岸に入射波が θ の角度 $(\theta \neq 0°)$ で

斜め入射する場合にロンゲットヒギンズによる砕波帯内での波高，ラディエーション応力，海底摩擦項を参照すると，沿岸方向の流速 V は m を係数として式 (6.11) で与えられる．

$$V = \frac{5\pi}{16}\left(\frac{m\tan\beta}{fw}\right)gh\frac{\sin\theta}{C} \qquad (6.11)$$

水粒子は波の進行に伴い第 2 章で示した楕円の軌跡を描くが，1 周期経過後に楕円軌道の始点とは異なる位置に到達し変位が生ずる．これを質量輸送という．水面と海底付近では波の進行と同方向，水深の中央部付近では反対方向の質量輸送が存在する．岸から沖に向かう流れを離岸流といい，この離岸流が岸側の水塊を沖側に運搬する．

6.4 漂砂

波による水位の変動，流れによる海中での底質移動現象，移動する底質自体を漂砂という．砂浜上を風によって移動する砂を飛砂という．海浜地形の変化は，漂砂の移動方向が場所的に異なることにより生じる．漂砂が発生している海岸に底質が供給されない場合や局所的に漂砂移動が阻止される場合には，底質の供給源の近くでは海岸侵食が生じる．一方，漂砂の移動方向の下手側では底質が堆積する．漂砂には底質の移動する方向により岸沖漂砂と沿岸漂砂がある．岸沖漂砂は波動運動に伴い汀線に垂直方向の移動を繰り返す漂砂である．沿岸漂砂は，沿岸流などにより汀線に平行方向に砂が移動する漂砂である．

6.4.1 海浜断面の特徴

浜の縦断面の名称の特徴を図 6.6 に示す．沖側から沖浜，外浜，前浜，後浜といい，砕波は外浜で生じ，前浜上で砕波後の波が海域と陸域の境界となる．汀線は平均海面と海浜との境界である．沖浜は，沖側の海底勾配が比較的緩く，波が砕けない領域である．外浜は沖浜の陸端部から干潮汀線までの領域で，波が砕け海底形状の変化が活発となる．この領域には，沿岸砂州や段の地形が形

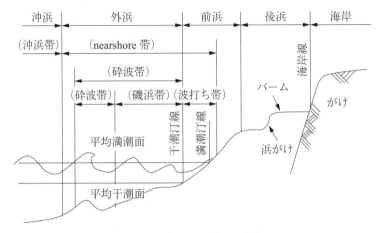

図 6.6　海浜の縦断面の名称

成される。沿岸砂州や段は 2〜3 の複数が生じる場合もある。前浜は，干潮汀線から通常の波が打ち上がるところまでの領域である。後浜は前浜の陸端部から海岸線までの部分で，暴浪時の高波の影響を受ける。この領域には，バームと呼ばれる平坦な微段地形や浜がけができる。

海浜断面形状は侵食型のバー (bar) 形海浜と堆積形のステップ (step) 形海浜に大別できる。**図 6.7** に示すタイプ I（侵食型）では，汀線が後退し沖に砂が堆積する。タイプ II（中間型）では，汀線位置はほとんど変化しないが，汀線の岸側で堆積また沖側にも堆積する。タイプ III（堆積型）では，汀線は前進し，沖側での堆積はない。この 3 タイプの海浜地形は次式の無次元係数 C の値によって，区別できる。

$$\frac{H_0}{L_0} = C(\tan \beta)^{-0.27} \left(\frac{d}{L_0}\right)^{0.67} \tag{6.12}$$

ここに，H_0/L_0 は沖波の波形勾配，d は底質の粒径，$\tan \beta$ は実験開始前の海底勾配であり，C と地形タイプの関係は**表 6.1** のようになる。

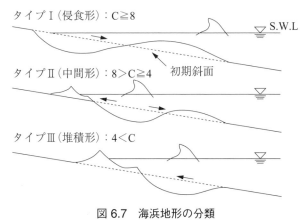

図 6.7　海浜地形の分類

表 6.1　海浜形状のタイプと無次元係数 C の関係

タイプ	実験室	現地
タイプ I	$C > 8$	$C > 18$
タイプ II	$8 > C > 4$	$18 > C > 9$
タイプ III	$4 > C$	$9 > C$

6.4.2　漂砂の移動形態と移動限界水深

　岸沖方向の漂砂の形態は，波動の往復運動流による底面近傍での掃流漂砂と鉛直方向の噴流により砂が巻き上げられる浮遊漂砂の 2 つが主である．波の往復運動流による岸沖方向の砂の移動は，長期的には沖方向と岸方向の漂砂量が相殺するので侵食に対しては，さほど支配的ではない．しかし，砕波帯内で発生する渦や流れの乱れによる砂の巻き上げ量は多量である．さらに，砕波に伴い浮遊した砂は，海浜流により移動し，渦や乱れが弱まった海域に再び沈降し堆積する．したがって，砕波帯内での底質の浮遊・移流・拡散・沈降などの砂の移動現象は，海岸侵食を支配する極めて重要な因子である．また，砕波による砂の移動機構については，砕波という力学的に極限状態にある物理現象を対象としているので，その定量的評価が困難である．

　沖合から波が岸方向へ伝播するに伴い水深の低下により，底質の移動形態が

変化する．図 6.8 は移動形態の変化を模式的に示している．沖浜領域では，水
深が減少するにつれて底質移動は活発になり，海底面上に小さい波状の砂面（砂
れん）が形成される．底質は砂れん上を転動しながら移動する掃流漂砂となる．
海底面の砂れんは消失して高濃度の底質流動層によるシートフローといわれる
状態で海底砂は移動する．波が砕ける領域では，大量の砂が浮遊する．漂砂の
移動限界は，底質の移動状況により初期移動，全面移動，表層移動，定義，完
全移動について定義がなされている．初期移動とは海底面の表層に突出してい
る砂粒のいくつかが移動する状態である．全面移動とは海底面の表層の砂粒の
ほとんどが移動しはじめる状態である．表層移動とは表層の砂粒が集団として
波の進行方向に移動する状態である．完全移動とは水深の変化が発生するよう
な明らかな砂粒が移動する状態である．移動限界水深 hi を求める式として，式
(6.13) が提案されている．

$$\frac{H_0'}{L_0} = \alpha \left(\frac{\mathrm{d}}{L_0}\right)^{\mathrm{n}} \left(\sinh\frac{2\pi h_{\mathrm{i}}}{L}\right) \left(\frac{H_0'}{H}\right) \tag{6.13}$$

ここに，H_0' は換算沖波波高である．各種の移動を示す α と n は表 6.2 のよう
になり，複数の研究者により提案されている．

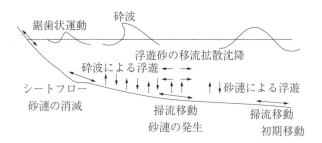

図 6.8　海底断面に沿う底質の移動

表 6.2　移動限界を示す α と n の関係

移動形式	提案者	α	n
初期移動限界	石原・椹木	5.85	1/4
全面移動	佐藤・田中	1.77	1/3
表層移動	佐藤・田中	0.741	1/3
完全移動	佐藤	0.417	1/3

6.5　海浜の平面的な地形の特徴

岬や半島などの自然地形と沖合から伝播する波との関係より，また，侵食が
発生している海岸では海岸構造物により，平面的に特徴的な海浜地形が出現す
る．特徴的な地形として，図 6.9 に示すように，カスプ（①），ポケットビーチ
（②），鉤状砂嘴（③），二重砂嘴（④），舌状砂州（⑤），トンボロ（⑥）など
があげられる．カスプは汀線付近に生じ，のこぎりの歯ように地形が周期的に
数 10 cm から数 10 m で連なることが多い。ポケットビーチは海岸の両端を構
造物も含んで岬のような地形に囲まれた海岸であり，漂砂が安定した弓状の砂
浜となる．舌状砂州（軍艦島）は汀線近傍の島や離岸堤などの背後域に入射波
の回折効果により砂が堆積し，汀線付近から島や離岸堤に向かって舌状に生じ，
砂州が島や構造物に接続するとトンボロ（皆生海岸）となる．砂嘴（島原）は

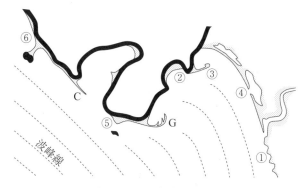

図 6.9　平面地形の模式図

沿岸流による漂砂により，先端が長く堤状に堆積してできた地形である.

(演習問題)

問題 6.1

実験水槽に 1/40 の海底勾配を設置して，平均粒径 0.20 mm の砂を海底勾配
状に設置して移動床に波高 5 cm，周期 1.2 s の波を長時間作用させたときの無
次元係数 C を求めよ.

<解答例>

$$\frac{H_0}{L_0} = C(\tan \beta)^{-0.27}\left(\frac{\mathrm{d}}{L_0}\right)^{0.67}$$ より，$H_0/L_0 = 0.0223$，$\tan \beta = 1/40$，

d = 0.20 mm を代入して C を求めると $C = 4.262$ となる.　したがって，海浜
の縦断面形状は，中間型となり汀線の位置はほとんど変化しないが，汀線の岸
側と沖側にも堆積が生じる.

問題 6.2

沖合から入射した波が砕波水深 $h_b = 2.0$ m で砕波し，砕波点での入射角
$\alpha_b = 30°$ であった.　m = 0.5，勾配 $i = 1/30$，摩擦係数 $f = 0.01$ とした場合
の沿岸流の速度と流速を次式を用いて

$$v = 5\pi/8(\mathrm{mi/f})\sqrt{(gh_b)}\sin \alpha_b$$

求めよ.　また，砕波後の最大値も求めよ.

<解答例>

$$v = 5\pi/8(\mathrm{mi/f})\sqrt{(gh_b)}\sin \alpha_b = 5\pi/8((0.4 \times 1/50)/0.01)\sqrt{(9.8 \cdot 3.0)}\sin(20) =$$
6.94 m/s となる.

図 6.2(C) より，流速の最大値は $x/lb = 0.6$ 付近で，$v/vb \approx 0.5$ であるから，
$v = 3.47$ m/s となる.

問題 6.3

汀線に直角に入射する波が，浅海域で波高が $2.0\,\mathrm{m}$ の場合のラディエーション応力 S_{xx} を求めよ.

<解答例>

$$S_{\mathrm{xx}} = E\frac{C_g}{C}\cos^2\theta + E\left(\frac{C_{\mathrm{g}}}{C} - \frac{1}{2}\right)$$

$\theta = 0°$ より,

$$S_{\mathrm{xx}} = E\left(\frac{2C_{\mathrm{g}}}{C} - \frac{1}{2}\right)$$

浅海域では

$$\frac{C_g}{C} = 1$$

であるから,

$$S_{\mathrm{xx}} = \frac{3}{16}\rho g H^2$$

となり,

$$S_{\mathrm{xx}} = \frac{3}{16} \times 1030 \times 9.8 \times 4 = 7570.5\,\mathrm{J/m^2}$$

が求まる.

〈この章で学ぶべきこと〉

本章では，円柱構造物に作用する波力，重複波の波圧，砕波の波圧などの海岸構造物に働く波の力について説明するとともに，港湾の役割や港湾の種類と施設について学習する．

〈学習目標〉

● 円柱状構造物に作用する力としてのモリソン式，サンフルーの簡略式，広井公式について理解できる

● 港湾の役割や港湾の種類と施設について説明できる．

7章　海岸構造物に働く波の力

7.1　円柱構造物に作用する波力

　波力は鉛直壁である防波堤や岸壁に作用する場合と杭や円柱状の構造物に働く場合では，作用する波についての入力値の捉え方が異なる．波は直立防波堤の壁面に入射する場合に反射し，入射波と反射波の重ね合わせにより重複波が生じる．また，沖合から伝播し浅水変形に伴い波高が増大した波は，波動エネルギーを逸散させ砕波しながら構造物へ衝突し砕波衝撃圧が発生する．防波堤には，面的に水圧を基本とした波力が加わり，円柱状の杭などでは流体力を中心とした力が作用する．また風力発電所，石油採掘プラントなどは円柱状の杭を構造体としている場合があり，波の入射角度に対応して，円柱状の杭へ作用する波力を均一化することが1つの目標となっている．まず，**図7.1** のように円柱に働く波力について考える．

　円柱状構造物に作用する力の式として，モリソン式 (7.1) がある．モリソン

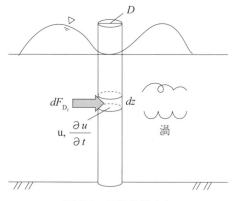

図 7.1　円柱に働く力

式は波動による流体力が，円柱背後の渦による抵抗力と円柱の存在による円柱周囲の流体の速度変化から生じる慣性力の和として構成されている．

$$dF_D = C_D \rho \frac{|u|}{2} uD dz + C_M \rho \frac{\pi D^2}{4} \rho \frac{\partial u}{\partial t} dz \qquad (7.1)$$

式 (7.1) における dF_D は抗力であり，C_D は抗力係数，C_M は慣性係数，u は円柱に対する直角方向の水粒子速度，$\frac{\partial u}{\partial t}$ は水粒子の加速度，ρ は流体の密度，D は円柱の直径である．これまでの研究から C_D は 1.0〜1.5，C_M は 2.0 程度である．C_D は Re 数と KC 数，C_M は KC 数に依存して変化する．式 (7.1) に式 (7.2) を代入すると，式 (7.3) を得る．

$$\frac{\partial u}{\partial t} = \sigma u_m \sin(kx - \sigma t) \qquad (7.2)$$

$$\frac{dF_D}{dz} \left(\frac{\rho}{2} u_m^2 D \right)^{-1} = C_D \left| \cos 2\pi \left(\frac{t}{T} \right) \right| \cos 2\pi \left(\frac{t}{T} \right)$$
$$- \frac{\pi^2}{KC} C_M \sin 2\pi \left(\frac{t}{T} \right) \qquad (7.3)$$

ここに，u_m は水粒子速度の振幅である．KC 数はクーリガン・カーペンター数であり，式 (7.4) で与えられる．

$$u_m = \frac{\pi H}{T} \frac{\cosh k(htz)}{\sinh kh}$$

$$KC = u_\mathrm{m}T/D \tag{7.4}$$

式 (7.4) に示す KC 数はモリソン式において，どのような力が主として作用しているのかを示す物理量である．水粒子速度の運動範囲が円柱直径に比べ小さい場合に KC 数は $\pi/2$ 程度となり，モリソン式において抗力項より慣性力項の影響が大きくなる．慣性力は周囲の流速に依存する．一方，水粒子速度の運動範囲が円柱直径に比べて大きい場合に KC 数は 30π 程度となる．この場合にモリソン式では慣性力項より抗力項が大きくなる．抗力項は構造物前後の圧力差による抵抗力であり，形状によって定まる．

7.2 ケーソンおよび捨石に働く波力

　鉛直壁に作用する波圧の変動特性は，入射波の壁面における水位に依存して変化する．波圧とは波によって生じる圧力のことで，波の形状により異なる．沖合から伝播する波は水深の減少に伴い波形を変化させながら汀線に接近する．その際に峰が尖鋭した波形となり，波動エネルギーを保持することが困難となり，波動エネルギーを逸散させて砕波する．波圧はこのような波形の変化により，**図 7.2** に示すように重複波圧，双峰型，砕波圧，衝撃砕波圧が生じる．波高が比較的小さい時に重複波圧が生じ水位と同位相に変化する．波高がやや増大すると 2 つのピークが現れる双峰型の波力分布となる．波高がさらに増大し重複波の砕波限界を上回ると双峰型の砕波圧となり 1 つ目のピークが 2 つ目のピークと比較して大きな砕波圧となる．進行波の砕波限界を波高が超過する場合には，衝撃砕波圧となり砕波時の壁面への衝突により波圧は尖ったピークを持つ形状となる．

7.2.1 重複波の波圧

　砕波水深よりも設置水深が大きな海岸構造物には，重複波による波圧が構図物の壁面に作用する．微小振幅波理論に基づいて波圧を求めるにあたって，部

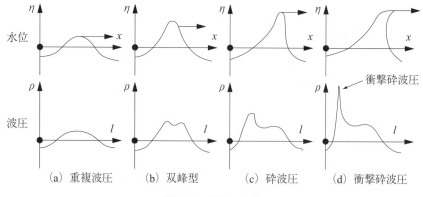

（a）重複波圧　　（b）双峰型　　（c）砕波圧　　（d）衝撃砕波圧

図 7.2　波圧の変化

分重複波の速度ポテンシャルは式 (7.5) のようになる.

$$\phi = -\frac{HC}{2}\frac{\cosh k(z+h)}{\sinh kh}\{2K_R\cos kx\sin\sigma t - (1-K_R)\sin(kx-\sigma t)\}$$

$$(7.5)$$

ここに，K_R は反射率，H は入射波高である. 上式を圧力方程式である式 (7.6) に代入し，$C = \frac{g}{\sigma}\tanh kh$ を考慮すると，式 (7.7) を得る.

$$\frac{p}{\rho} = -gz - \frac{\partial\phi}{\partial t} \tag{7.6}$$

$$\frac{p}{\rho} = -gz + \frac{Hg}{2}\frac{\cosh k(z+h)}{\cosh kh}$$

$$\{2K_R\cos kx\cos\sigma t + (1-K_R)\cos(kx-\sigma t)\} \tag{7.7}$$

有限振幅波理論に基づく算定式は複雑となるために，簡略化したサンフルー式による図 7.3 に示す波圧分布が提案され，実務に用いられている. 直立壁への波圧は $h \geq 2H$ の場合に，式 (7.8)〜(7.13) で与えられる.

$$p_1 = (p_2 + \rho gh)\left(\frac{H + \delta_o}{h + H + \delta_o}\right) \tag{7.8}$$

$$p_2 = \frac{\rho gH}{\cosh(2\pi h/L)} \tag{7.9}$$

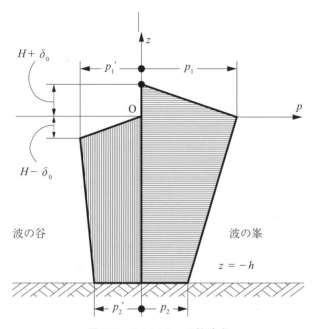

図 7.3 サンフルーの簡略式

$$\delta_0 = \frac{\pi H^2}{L} \cosh \frac{2\pi h}{L} \tag{7.10}$$

$$p_2 = \frac{\rho g H}{\cosh(2\pi h/L)} \tag{7.11}$$

$$p'_1 = -\rho g (H - \delta_\circ) \tag{7.12}$$

$$p'_2 = -\frac{\rho g H}{\coth(2\pi h/L)} \tag{7.13}$$

防波堤などの海岸構造物の安定性には浮力と揚圧力が関係する．したがって，防波堤の重量から浮力を差し引く．サンフルーの簡略式では堤体全面下部の揚圧力 p_{u} は式 (7.14) で評価される．

$$p_{\mathrm{u}} = p_2 = p'_2 = -\frac{\rho g H}{\coth(2\pi h/L)} \tag{7.14}$$

7.2.2　砕波の波圧

　砕波は大量の気泡が波内部に混入し，大規模な渦が発生するなど力学的に極限状態にある物理現象である．したがって，砕波による波圧の算定式を理論的に導出することは困難であるため，実験的な算定公式が提案されている．広井公式は多数の実測値に基づいて，直立壁への砕波波圧は海底から水表面まで一定であるとして，式 (7.15) を導いた.

$$p = 1.5\rho g H \qquad\qquad (7.15)$$

ここに，p は直立壁面に作用する波圧，H は直立壁前面での波高である．広井公式は図 7.4 に示すように構造物の天端高が $1.25H$ よりも高い時は静水面から高さ $1.25H$ の位置より海底面まで一定に作用し，天端高が $1.25H$ よりも低い時は天端面から海底面まで一定に作用する．広井公式による波圧は，海底面から増加し静水面付近で最大となる分布とは異なるが，波圧を積分した壁面全体に働く波力と比較的に同等となる．

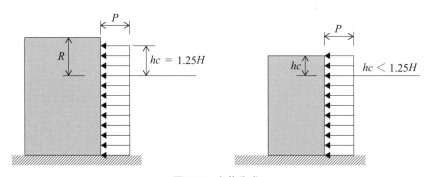

図 7.4　広井公式

7.3 捨石堤の斜面の安定性

捨石で構成された斜面，または砕石で構成された基礎マウンドの斜面上部に設置される被覆材の安定生を示す所要重量についてはいくつかの算定式が提案されている.

7.3.1 捨石堤の斜面に働く力

斜面上の 1 つの石の空中重量を W, 密度を ρ_S とすると，**図 7.5** に示す抵抗力 F と波力 P の釣り合いを考える.

石に作用する摩擦力から石の重量の斜面に沿う成分を差し引いた力を F とする.

$$F = \left(1 - \frac{\rho}{\rho_\text{S}}\right) W(\mu\cos\theta - \sin\theta) \tag{7.16}$$

ここに，ρ は海水の密度，μ は石と斜面の摩擦係数，θ は斜面の角度である. P は式 (7.17) のようになる.

$$P = \text{m}'\rho\text{gA}v_\text{r}^2 \tag{7.17}$$

ここに，A は捨石の代表断面積で $(\text{W}/\rho_\text{S}\text{g})^{2/3}$ となる. m' は定数，v_r は流速

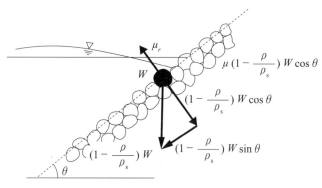

図 7.5 捨て石に働く力

である.

　流速を砕波点での平均水粒子速度で代表すると次式を得る.

$$v_\mathrm{r} \gtrsim \sqrt{gh_\mathrm{B}}$$

ここに, h_B は砕波水深である. h_B は砕波波高 H_B に比例するから, 入射波高に比例すると仮定して式 (7.17) のような近似式となる.

$$v_\mathrm{r} \gtrsim \sqrt{gH}$$

斜面上の石の転倒についての安定条件は, $F \geq P$ であり,

$$\begin{aligned}
W &\geq \frac{\mathrm{m}'\rho^3 gH^3}{\rho_\mathrm{S}^2(1-\rho/\rho_\mathrm{S})^3\rho_\mathrm{S}^2(\mu\cos\theta-\sin\theta)^3} \\
&= \frac{\mathrm{K}_1\rho gH^3}{(\rho_\mathrm{S}/\rho-1)^3(\mu\cos\theta-\sin\theta)^3}
\end{aligned} \tag{7.18}$$

1 つの石の重量 W についての安定性を示す不等式である式 (7.18) が求まる. K_1 は実験により求める定数で同式はイリバーレンの式という.

7.3.2　ハドソンの式

　イリバーレンの式と多数の実験結果に基づいて, ハドソンは K_1 と μ の係数と取り除いたハドソンの式と呼ばれる式 (7.19) を示した.

$$W = \frac{\rho_\mathrm{S} gH^3}{K_\mathrm{D}(\rho_\mathrm{S}/\rho-1)^3\cot\theta} \tag{7.19}$$

ここに, K_D は安定係数で捨石やブロックの形状とその設置方法により異なるため, 水理実験より求められる. 捨石やブロックの構成数に対して移動した数の比である被害率によっても K_D は異なる. 図 7.6 は代表的な消波ブロックの概略図であり, 各消波ブロックと K_D との関係を表 7.1 に示す.

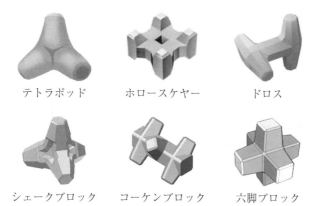

テトラポッド　　　　ホロースケヤー　　　　　ドロス

シェークブロック　　コーケンブロック　　六脚ブロック

図 7.6　代表的な消波ブロック

表 7.1　消波ブロックと K_D の関係 [2]

名称	K_D	名称	K_D	名称	K_D
テトラポッド	8.3	シェーク	8.6	クリンガー	8.1, 8.3
中空三角	7.6, 8.1	コーケン	8.1, 8.3	ジュゴン	8.1, 9.0
六脚	7.2, 8.1	三連	10.3	W・V	13.0
三柱	8.1, 10.0	四方錐	9.3	ホロー，スケヤ	13.6
アクモン	8.3	合掌	8.1, 10.0	ガンマエル	8.5

7.4　港湾の役割と種類

7.4.1　港湾の役割

　人，物，船，車が集まる水域と陸域との境界に人，物，船，車，貨物が集積し構成される国土空間の一部で，水陸交通の円滑な機能を中心に，生活生産活動が行われる機能を持つものが港湾である．湾泊波止場は，航行した船の安全性を維持した停泊を確保するため機能の観点，水陸交通の機能の観点から，ターミナルという考え方がある．また，港は昔，津湊といわれていた．第 5 章で述べたように津波は，沖合での波が港に伝播すると波高が増大することから津波といわれるようになった．

　行政上の取り扱いにより，日本では水産業に使用する船舶の出入りする港を漁港といい，港湾と区別しており，その数は港湾で約 1,000 港，漁港で約 3,000 港である．

　表 7.2 に示すように，我が国の江戸時代では小規模な船による瀬戸内海に代表される沿岸域の航海が主であった．そのため，就航した帆船は 500～1,000 石であり，1 日の航海毎に泊が整備された．現在では，ディーゼルエンジンを搭載した大型船が世界を活動域として航海し，産業基盤の発展維持を支えている．なお，同表における GT とは総トン数を示し，船舶に対する課税，水先料金の基準となっている．

　港湾の主要な役割として，交通ターミナルと生産の拠点，ならびに生活の場などをあげることができる．港湾は水域と陸域の境界に設置される重要な都市機能であり，交通ターミナルのとして役割が極めて大切となっている．図 7.7 は港湾の役割の概念図を示している．外海から来襲する高波浪から船舶の停泊の安全性を維持するために静穏水域を確保することにより，原材料や製品などの貨物の輸送が可能となる．我が国では，港湾で扱う年間合計の貨物量は約 30 億トンであり，その内訳は国内貿易が約 20 億トン，国際貿易が約 10 億トンである．国際貿易では石油，石炭，鉱石などの原材料の輸入が多いのが特徴となっている．また，港湾は高度な物流空間，多様な産業空間であるとともに，豊かな生活空間の役割も果たしている．近年では，港湾の交通物流機能，生産機能の充実のみならず，住民の質の高い生活に重点をおいた水辺の都市空間であるウォーターフロントの整備も考慮した港湾の整備が必要とされている．

表 7.2　日本の港湾の過去と現在

時代	船	活動域	沿岸の特徴
江戸時代 1603–1867	小型船 500–1,000 石	瀬戸内海	1 日航程の泊が整備
現在	大型船 7,000–10,000 GT	世界	臨海都市，臨海工業地帯の形成

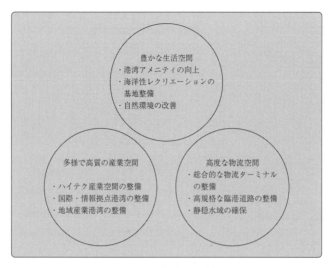

図 7.7　港湾の役割

7.4.2　港湾の種類と施設

　港湾の分類については，港湾の地理的な形態や機能，ならびに法令などで定められている制度上から以下のように分類するのが一般的である．

(1) 位置による分類

(a) 海港

　海に面した港湾であり，最も一般的な港である．

(b) 河川港

　河口より上流に位置する港である．近代的な船舶が出現してから，我が国の河川は規模が小さいこともあり，ほとんど例がない．

(c) 河口港

　河川の河口にある港である．比較的少ない費用で建設が可能なため，我が国にもその例が多い．特に日本海側の主要港の新潟港，秋田港が河口港にあたる．

(2) 機能による分類

(a) 商港

　国内流通，外国との貿易を主とする港がある．横浜港，神戸港などは商港に対応する．

(b) 工業港

　臨海部に生産工場が立地しており，その工場に必要な材料・燃料，製品を取り扱う港である．千葉港，鹿島港が代表である．

(c) 漁港

　漁船の出入，漁業活動に必要な機能を有する港である．銚子港，焼津港が代表的である．

(3) 制度による分類

　港湾法（昭和 25 年）による港湾，漁港法による漁港という港湾の区分が定められているとともに，関税法による開港，不開港という分類もなされている．また，我が国には設置されていないが，関税を免除する地帯を含有する自由港という港もある．港湾法による港湾では，国家の利害に与える影響の重要度を考慮して，特定重要港湾，重要港湾ならびに地方港に分類されている．すなわち，重要港湾は国の利害に重大な関係を有する港湾であり，地方港は重要港以外の港湾である．重要港湾のうち，外国貿易の増進上，特に重要な港湾を特定重要港湾としている．一般に，港湾管理者は都府県や市であることが多く港全数の過半を占める．東京港は東京都，横浜，神戸，大阪の各港はそれぞれの市が管理している．

　港湾の施設は，各港湾が機能を発揮するために固定施設や移動施設から構成される．固定施設は防波堤や岸壁などであり，移動施設は荷役機械や旅客乗降用の施設などである．港湾の基盤となる基本施設は固定施設に含まれる．基本施設には，水域施設，外郭施設，係留施設，臨港交通施設があげられる．航路と泊地は水域施設として重要であり，航路とは，船舶が港湾に出入りするため

に通行する路であり，機能上，航路は直線に近いのが理想である．幅員，水深とも船舶の大きさに対して充分な余裕があり，標識，信号が整っていることが，安全確保に必要である．また，泊地の位置は船舶の操船荷役が安全かつ円滑に行えるように静穏を確保する必要があり，水深は対象船舶の吃水に波による動揺を考慮して決定しなければならない．外郭施設とは，防波堤，防潮堤，導流堤，水門，護岸，堤防などのことをいい，波浪津波高潮漂砂から施設背後地を遮蔽し，船舶の安全確保を果たすものである．係留施設は，岸壁，係船浮標，係船杭，桟橋などから構成される．臨港交通施設は，道路，駐車場，橋梁，鉄道，運河などから構成される．

7.4.3　港湾計画の基本と策定

　港湾計画においては，実施の計画から設計の段階において，構想段階，基本計画，整備実施計画からなる過程が示されている．

(1) 構想段階：イメージプラントといえるもので，極力理想を追い求める．30〜50 年先の港湾空間のあるべき姿を描き，現実の問題にこだわらないことが必要である．好ましい交通体系の中での港湾，立地すべき生産構造，理想とする人間生活空間を描く．

(2) 基本計画：マスタープランともいえるもので，10〜20 年先の港湾空間のあるべき姿を構想の中から写像する．国の計画，地域の計画，また国の示す全国港湾計画の構想計画があれば考慮する．ある程度実施の可能性が要求され，やや定量的な内容を持つ．他機関との協調，予算規模，計画主導者，地域住民，関係者の要望などに添うものが必要である．

(3) 整備計画実施計画：設計に入る前の具体性を帯びた計画である．概ね 5〜7年先の計画目標のもとで策定される．事業費，事業主体が明らかになっており，

関係機関や利害関係者との事前了解が得られるものでなければならない。時間，位置，事業費面，環境影響評価など，詳細な定量的分析に基づいた計画案であることが要求される。また，実施に当たっては漁業補償，航行安全，水面利用など関係機関との調整が必要であり，資金の返済方法などの計画も同時に必要となる。

(1)～(3) における構想段階，基本計画，整備実施計画による計画プロセスに基づいて，港湾整備が行われるが，構想段階において設定された理想が整備計画実施計画の段階においても維持されて，経済的に優れていることが必要条件となる。3 つの計画段階の港湾計画において，港湾整備の目標は利害の調整は長期的な開発の観点から充分な考慮が必要となる。港湾整備の基本的な方針を以下に示す[2]。

(a) 港湾の位置づけと機能

(b) 港湾の整備と利用（取扱貨物の種類量）

(c) 経済状況の変化（背後圏の経済動向）

(d) 環境整備および保全（自然環境保全）

(e) 安全確保防災対策

(f) 港湾に隣接する地域の保全

自然条件や経済条件から構成される港湾の立地は，計画設計において重要な条件である。

(4) 自然条件調査

港湾計画を策定するにあたって，港湾施設の配置規模の設計が必要となる。この際に港湾立地予定の地域の自然条件を調査し，その調査結果を整備実施計画に反映させなければならない。

(a) 風：基本施設の配置を決定するために必要なデータであり，出入港船舶，係留船舶の安全性を確保するために検討する（風向・風速）。

(b) 波：外郭施設の法線を決定するための最も重要なデータである。波浪データは少なくとも 10 以上の収集と検討が必要である（波高・波向・周期）。

(c) 潮汐：基本施設の配置を決定するためのデータであり，狭水道や潮流の著しい箇所では，重要となる（潮位・潮流）.

(d) 漂砂：漂砂が活発な海域では，長期的な海浜形状を充分に検討する（漂砂量・卓越方向）.

(5) 経済社会条件調査

経済社会条件調査は，港湾の役割や規模を検討する際の重要であり，港湾の対象地域における経済的な条件についての調査である.

(a) 背後圏の経済社会指標：人口，工業出荷額の実績を把握する.

(b) 産業立地：用地，用水，労働力などを考慮した立地条件を検討し，企業の立地配置を見通しする.

(c) 交通条件：道路，鉄道背後圏の交通資本の現状と見通しを検討する.

(d) 都市機能：都市再開発上の要請，下水道，廃棄物などの処理，企業，住宅の再配置について調査する.

施設計画は，前述の港湾計画の方針が策定の後，各施設の配置規模を自然条件調査や経済社会条件調査に基づいて検討するものである. この際に，計画時点のみならず，港の拡大など将来における港湾の発展規模を予想しておくことが必要となる. 以下に7つの施設計画時の留意点を示す[2].

1) 港湾に要請されている機能を発揮できること

2) 港湾周辺の自然条件，地理条件に適応していること

3) 港湾を中心とする空間が有効かつ適切に利用されること

4) 既存施設と新規施設の諸機能が有機的に連携していること

5) 環境保全に充分に配慮すること

6) 港湾の将来の発展の方向を考慮していること

7) 維持，管理，運営および利用に支障のないこと

水域施設や外郭施設などの施設計画の留意点について説明する. 水域施設とは船舶が航行し停船し貨物の積みおろしを行うために必要な施設であり，航路や泊地があげられる.

① 航路：船舶が港湾に出入りするために通行する路であり，機能上，航路は直線に近いのが理想である．幅員，水深とも船舶の大きさに対して充分な余裕があり，標識，信号が整っていることが，安全確保に必要である．

② 泊地：泊地の位置は船舶の操船荷役が安全かつ円滑に行えるように静穏を確保する．水深は対象船舶の吃水に波による動揺を考慮して決定する．

　外郭施設とは，防波堤，防潮堤，導流堤，水門，護岸，堤防などのことであり，波浪津波高潮漂砂から施設背後地を遮蔽し，船舶の安全確保を果たすものである．これらの施設のうち，防波堤は，外海からの入射波から港内の静穏度を維持するにあたって重要であるので，防波堤の計画時の留意点について詳述する．

　防波堤の配置については，港内の静穏度，操船の容易さなどを配慮して決定する．

① 防波堤の法線は，最多最強の波浪に対して，港内を遮蔽し，静穏を維持できること．

② 港口の方向は最多最強の波浪方向を避けること．

③ 港口付近の潮流速度は船舶の航行に支障のない程度（2〜3 ノット）であること．

④ 港口の幅員は船舶航行に支障のない程度まで絞ること．

⑤ 防波堤による反射波，波の集中などの発生ができるだけ少なくなるように水域を確保すること．

演習問題

問題 7.1

　図に示す円柱状の構造物（直径 D = 2 m）が水深 20 m の海に垂直に設置してある．この構造物に周期 10 s，波高 $H = 8$ m の微少振幅波が衝突する場合，円柱の静水面高さを中心に高さ方向 1 m（$dz = 1.0$ m）の部分に作用する波

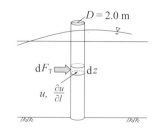

の進行方向の波力の式を求めよ．ただし波長は次式を用いて計算し，水の密度
は $\rho = 1000\,\mathrm{kg/m^3}$，また抗力係数は 0.5 と慣性係数は 1.5 とする．

$$波長：L = \frac{gT^2}{2\pi}\tanh\left[2\pi\sqrt{\frac{h}{gT^2}}\left(1+\sqrt{\frac{h}{gT^2}}\right)\right]$$

<解答例>

$$L = \frac{gT^2}{2\pi}\tanh\left[2\pi\sqrt{\frac{h}{gT^2}}\left(1+\sqrt{\frac{h}{gT^2}}\right)\right]$$
$$= \frac{g10^2}{2\pi}\tanh\left[2\pi\sqrt{\frac{20}{g10^2}}\left(1+\sqrt{\frac{20}{g10^2}}\right)\right] = 120\,\mathrm{m}$$

よって，波数は，$k = \dfrac{2\pi}{L} = \dfrac{2\pi}{120} = 0.052\,\mathrm{m^{-1}}$ である．

静水面における水粒子の最大速度は式 (1.3) において，$z=0$ であるから，

$$u_\mathrm{m} = \frac{\pi H}{T}\frac{\cosh k\,(h+z)}{\sinh kh} = \frac{\pi 8}{10}\frac{\cosh[0.052(20+0)]}{\sinh(0.052\times 20)} = 3.23\,\mathrm{m/s}$$

式 (7.3) に，$dz = 1.0$, $\rho = 1000\,\mathrm{kg/m^3}$, $D = 2\,\mathrm{m}$, $C_\mathrm{D} = 0.5$, $C_\mathrm{M} = 1.5$ を
代入する．

$$\frac{dF_T}{1.0}\left(\frac{1000}{2}3.23^2\times 2\right)^{-1} = 0.5\left|\cos 2\pi\left(\frac{t}{10}\right)\right|\cos 2\pi\left(\frac{t}{10}\right)$$
$$-\frac{\pi^2}{16}1.5\sin 2\pi\left(\frac{t}{10}\right)$$
$$dF_\mathrm{T}(100433)^{-1} = 0.5\left|\cos\frac{2\pi t}{10}\right|\cos\frac{2\pi t}{10} - 0.925\sin\frac{2\pi t}{10}$$

よって，単位長さ当たりの全波力は，$dF_\mathrm{T} = (100433)\left(0.5\left|\cos\dfrac{2\pi t}{10}\right|\cos\dfrac{2\pi t}{10}\right.$
$\left.-0.925\sin\dfrac{2\pi t}{10}\right)$

また，抗力は，$(100433)\left(0.5\left|\cos\dfrac{2\pi t}{10}\right|\cos\dfrac{2\pi t}{10}\right)$，慣性力は，$(100433)$
$\left(0.925\sin\dfrac{2\pi t}{10}\right)$ となる．

問題 7.2

こう配が 1 : 1.3, 安定係数 8.4 の異形ブロック堤に波高 7 m の波浪が作用する場合に安定なブロック 1 個の重量をハドソン式を用いて求めよ. ただしブロックの空中重量比重 2.3 とする.

＜解答例＞

題意より, $\cot\theta = 1.3$, $\rho = 1000\,\mathrm{kg/m^3}$, $\rho_{\mathrm{d}} = 2300\,\mathrm{kg/m^3}$, $H = 7\,\mathrm{m}$, $K_{\mathrm{D}} = 8.4$ をハドソン式に代入すると,

$$\mathrm{W} = \frac{\rho d g H^3}{K_{\mathrm{D}}\left(\frac{\rho_{\mathrm{d}}}{\rho}-1\right)^3 \cot\theta} = \frac{2300 \times 9.8 \times 7^3\,\mathrm{m^3}}{8.4 \times (2.3-1)^3 \times 1.3} = 322\,\mathrm{kN}$$

ブロック形式は質量 (ton) で呼ばれることが多いので, 33ton となる。

問題 7.3

港湾の分類については, 港湾の設置形態, 機能, 法令などで定められている.

(1) 位置による分類の海港と河口港について説明せよ.

＜解答例＞

海港：海に面した港湾であり, 最も一般的な港である

河口港：河川の河口にある港である. 比較的少ない費用で建設が可能なため, 我が国にもその例が多い. 特に日本海側の主要港の新潟港, 秋田港が河口港にあたる.

(2) 機能による分類の商港と工業港, ならびに漁港について説明せよ.

＜解答例＞

商港：国内流通, 外国との貿易を主とする港がある. 横浜港, 神戸港などは商港に対応する.

工業港：臨海部に生産工場が立地しており, その工場に必要な材料・燃料, 製品を取り扱う港である. 千葉港, 鹿島港が代表である.

漁港：漁船の出入，漁業活動に必要な機能を有する港である．銚子港，焼津港が代表的である．

(3) 制度による分類の重要港と地方港について説明せよ．

＜解答例＞
重要港：国の利害に重大な関係を有する港湾
地方港：重要港以外の港湾

問題 7.4
　港湾計画の方針が策定の後，施設計画として各施設の配置規模などを 7 項目にわたって検討する必要がある．この 7 項目を示せ．

＜解答例＞
① 港湾に要請されている機能を発揮できること
② 港湾周辺の自然条件，地理条件に適応していること
③ 港湾を中心とする空間が有効かつ適切に利用されること
④ 既存施設と新規施設の諸機能が有機的に連携していること
⑤ 環境保全に充分に配慮すること
⑥ 港湾の将来の発展の方向を考慮していること
⑦ 維持，管理，運営および利用に支障のないこと

引用・参考文献
1) 酒井哲郎：海岸工学入門，森北出版，2001.
2) 近藤俶郎，竹田英孝：消波構造物，森北出版，1983.

〈この章で学ぶべきこと〉

本章では，法的，物理的，化学的，生物的な視点から沿岸域の自然環境について学習する．海岸は，陸域と海域とが相接する空間であり，砂浜，岩礁，干潟など生物にとって多様な生息・生育環境を提供する場である．1999年の海岸法の改正により，防護・環境・利用が調和した海岸保全の実現が法的に求められ，自然環境と調和した海岸事業を実現する必要がある．

〈学習目標〉

● 海岸域の物質と生態系との関係を物理・化学の視点から工学的に説明できる

8章　沿岸域の自然環境

8.1　沿岸域の環境

8.1.1　沿岸域とは

世界には200以上の国があるが，その中で日本の国土面積は世界で第61位であり，その面積は約37.8万 km² である．ここで，世界の面積に占める日本の面積の割合は0.29％しかなく，かなり小さいことが分かる．一方，日本の海岸線の長さは約3.5万 km であり，世界で第6位である（**表8.1**）．国土面積の順位に比べて，海岸線が非常に長い国であることが分かる．この海岸線を含む場所を沿岸域という．ここで，沿岸域に関わるあらゆる問題を総合的に議論することを目的とした日本沿岸域学会によれば，沿岸域とは「水深の浅い海とそれに接続する陸を含んだ，海岸線に沿って延びる細長い帯状の空間である．そこは陸と海という性質の異なる環境や生態系を含み，陸は海の，また海も陸からの影響を受ける環境特性を持っている」と説明している [2]．この沿岸域は，

表 8.1　世界の海岸線ランキング[1]

rank	country	length of coastline (km)
1	Canada	202,080
2	Indonesia	54,716
3	Greenland	44,087
4	Russia	37,653
5	Philippines	36,289
6	Japan	29,751
7	Australia	25,760
8	Norway	25,148
9	USA	19,924
10	Antarctica	17,968

　単に海と陸の接点ということだけで無く，さまざまな経済的活動や文化的活動が多く行われている場所であり，国土の大半が山岳地帯である日本においては，非常に重要な場所となる．つまり，沿岸域をこれからも持続的に利活用するためには，経済的活動のみならず沿岸域の環境を次世代に伝えるべく活動を確実に実施することが重要となる．

8.1.2　沿岸域の地形の特徴

　沿岸域は，日々の潮汐によって冠水・干出を繰り返す潮間帯（沿岸帯），それより陸側にあり海水に浸ることは無いが波しぶきを受ける潮上帯（飛沫帯），沖側にあり常時海水浸っている潮下帯（漸深帯）で構成されている（図 8.1）．潮間帯は，場所により冠水・干出する時間が異なることから，温度や乾燥などに大きな違いがあり，潮上帯や潮下帯とは大きく異なる環境である．また，潮間帯において底質が砂で構成された低湿地を砂干潟，より細かい粒径で底質が構成された泥干潟という．なお，環境省では次の条件を全て満たす場合に干潟としている[2]．

● 高潮線と低潮線に挟まれた干出域の最大幅が 100 m 以上であること

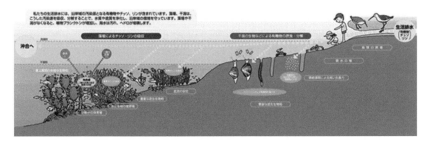

図 8.1 干潟（沿岸域）のイメージ図 [3]

● 大潮時の連続した干出域の面積が 1 ha 以上であること

● 移動しやすい底質（砂，磯，砂泥，泥）であること

ここで，干潟は地形的な特徴より，砂浜の前面に河川などにより運ばれた砂泥により形成された「前浜（まえはま）干潟」，河川の河口部に形成された「河口（かこう）干潟」，河口や海から湾状に入り込んだ湖沼の岸に沿って形成された「潟湖（かたこ）干潟」に分けられ，河口干潟に関しては，河口から第1橋までが対象となる．さらに，潮下帯より沖側において水深数 m 程度の海域を浅場という．

8.1.3　干潟の特徴

　干潟が持つ多様な機能の重要性が指摘されるようになっている．ここでの機能には，水質浄化機能のみならず，生物多様性の維持や海岸線の保全，環境学習の場などが含まれるなどがあげられる（**表 8.2**）．浄化機能には，**図 8.2** に示すような周辺から輸送される有機物が二枚貝やベントス類などによる直接的除去や，**図 8.3** に示すような底生微細藻類による栄養塩吸収，脱窒素作用，さらに鳥類や魚類による搬出等を通じて有機物や窒素・リンなどの除去があげられる．また，水鳥や渡り鳥の索餌場や野営地など生息場所の提供としても重要である．さらに，干潟を保全する生態学的，社会学的意義として，水産資源生物の生産の場や物質循環・水質浄化の場の維持，ラムサール条約および生物多様

表 8.2　干潟と藻場の機能 [4)]

	藻　場	干　潟
① 水質の浄化 （・環境保全機能 ・生態系保全機能）	・窒素，燐の吸収による富栄養化の防止 ・流れ藻による沖合への栄養塩類の拡散 ・透明度の増加と濁り防止 ・酸素の供給	・二枚貝等による有機物の除去 ・窒素，燐の吸収による富栄養化の防止 ・バクテリアによる窒素の除去
② 生物多様性の維持	・多様な生物種の保全 ・産卵場の提供 ・幼稚仔の育成場の提供 ・流れ藻による産卵・育成場の提供 ・希少生物への餌の提供	・多様な生物種の保全 ・鳥類の餌場，休み場の提供 ・幼稚仔の育成場の提供
③ CO_2 の吸収	・藻類の光合成	（研究段階）
④ 浸食抑制による海岸保全	・波浪の抑制や底質の安定	・消波効果
⑤ 親水性や環境学習の場	・ダイビング，生物観察等	・潮干狩り，散策，野鳥観察等

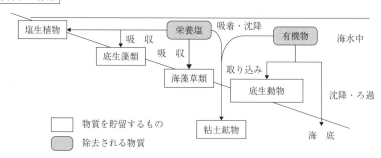

図 8.2　干潟における物質を貯留する水質浄化作用のイメージ図 [3)]

性条約に沿った自然環境と生態系の保全，海岸景観の保持，レクリエーションの場の確保などがあげられる．このように注目されている干潟だが，工業発展

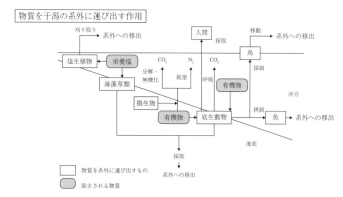

図 8.3 干潟における物質を系外に運び出す水質浄化作用のイメージ図 [3]

とそれに伴う沿岸域への人口集中などにより，多くの干潟には工場排水や生活排水が流れ込むだけでなく，造成により埋め立てられ，多くの干潟が失われている．環境省が 1982 年から 2001 年にかけて取りまとめた第 2 回，第 4 回および第 5 回自然環境保全基礎調査より，干潟の全消失面積は 1945 年を基準とした場合 1978 年で約 35％，1996 年で約 40％近くに及んでいることが示されている（図 8.4）．ラムサール条約で求められている湿地の保護と Wise use（賢明な利用）を進めることを踏まえると，今後，積極的な自然干潟の保護や保全が望まれる．

8.2 海域の生態系

　沿岸域の生態系は，水深，波，流れ，潮汐等の物理的条件の影響を強く受ける．例えば，波が底質を多く巻き上げるような条件では，海藻草類の生育に大きく影響を与える．生態系とは，生物とそれを取り巻く非生物的環境をあわせたものである．通常，生態系には生産者，植食者，肉食者，分解者，デトリタスなどを含み，さらに生活条件を踏まえ，エネルギーと物質の供給源・吸収源として働く物理化学的環境を加えたものである．これらは，生産者を起点とす

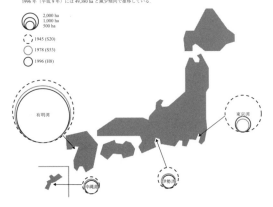

干潟・藻場・サンゴの減少
干潟面積の推移

全国の干潟面積は，1945 年（昭和 20 年）には 82,621 ha，1978 年（昭和 53 年）には 53,856 ha，
1996 年（平成 9 年）には 49,380 ha と減少傾向で推移している．

主な海域における干潟面積の推移　　　　　　　　　　単位：ha，%

	干潟面積 1945 (S20)	増減	干潟面積 1978 (S53)	増減	干潟面積 1996 (H9)	比率 (1945/96)
	(A)	(B-A)	(B)	(C-B)	(C)	(C/A)
全国	82621	-28765	53856	-4,476	49,380	60
東京湾	9449	-8433	1016	718	1,734	18
伊勢湾	2939	-1786	1153	222	1,375	47
有明海	26609	-4383	22226	-1,835	20,391	77
沖縄島	1962	-526	1436	-233	1,203	61

図 8.4　日本における干潟面積の推移[5]

る食物連鎖によって生態ピラミッドが形成される（図 8.5）．沿岸域の生物の多くは，その生活史の一部あるいは全期間において，波・流れの影響を受け続けることから，陸上の生態系とは大きく異なり，移動性が極めて高い．また，水域での主な一次生産者は植物プランクトンであり，草本や樹木などの植物が主要な生産者である陸域とは大きく異なる．そのため，一次生産（生物が二酸化炭素から有機物を生産すること）の更新速度が早く，また，生食食物連鎖と微生物食物連鎖による物質循環の速度も速いため，陸域のように一次生産者の形態で物質が長期間蓄積されることがない．

　沿岸域の浅場における一次生産は，植物プランクトンのみならず，主に砂の海底に生育するアマモなどの海草類や岩礁帯に生育するアラメなどの海藻群落，

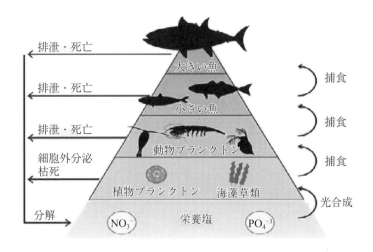

排泄・死亡

排泄・死亡

排泄・死亡

細胞外分泌
枯死

分解

捕食

捕食

捕食

光合成

大きい魚

小さい魚

動物プランクトン

植物プランクトン　　海藻草類

NO_3^-　　栄養塩　　PO_4^{-3}

図 8.5　沿岸域における生態ピラミッド [6]

光合成細菌等によっても行われる. ここで, 海草類は地下茎を海底に張り巡らせることにより砂地を安定化させるだけでなく, 魚類やエビ, イカなどが生育・採餌・産卵場として利用できる場を海藻類とともに提供する. 浅場は海洋において単位面積当たりの純一次生産が最も高い場所でもあるとともに, 海洋における光合成活動は地球におけるそれの 80%～90% を担っているといわれている. また, 浅場は水深が浅いため, 概ね全域が有光層（補償深度までの深さ）となる. なお, 有光層とは植物プランクトンの光合成による有機物の生成が, 呼吸による消費を上回る場所であり, 両者が等しくなる所が補償深度である. 以下に, 生態系の維持に係るいくつかの事項について説明する.

・水中の光強度の分布

　水中において, 日射量は深さとともに指数関数的に減衰する. 水表面に到達した光が水中を進む場合, 光の水中における減衰が一定であると仮定すると, 光の深さ方向の変化率は以下のように表すことができる.

$$\frac{dI}{dz} = -kI \tag{8.1}$$

ここに，I は水中の光強度，z は水表面からの深さ，k は光の減衰係数である．この式を境界条件（水表面 z = 0 における光強度 I = I_0）を踏まえて解くと，以下のような解を得る．

$$I(z) = I_0 e^{-kz} \qquad (8.2)$$

よって，光が水中を進むことにより，指数関数的に減衰することが示された．このように，光強度は水面が最も大きく，水深とともに大きく減衰する（図 8.6）．しかし，光合成量は必ずしもそうでは無い．図 8.7 に示すように，水中の光合成量は日射強度が弱い時は水面近傍で最大値を示し，水深とともに低下する．しかし，日射強度が強い場合は，水面より少し深いところで最大値を示すことがある．これを強光阻害という．強光阻害の要因はいくつかあるが，例えば光強度が強すぎると，クロロフィルが受けた過大な光エネルギーの一部が光合成反応に使用されず，熱として放散されるためである．

図 8.6　水中における光の減衰の
イメージ図

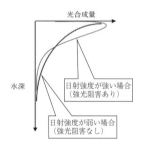

図 8.7　水中における光合成量の
イメージ図

・炭素循環

　炭素は，大気中では二酸化炭素（CO_2）として，水中では炭酸水素イオン HCO_3^- や炭酸イオン CO_3^{2-} の形で存在する．これらを生産者が取り込んで光合成（炭酸同化）を行い，有機物が生産される．この過程は炭素循環において，非常に重要な役割を果たす．炭酸同化を踏まえた炭素循環は以下のように行われる．

1）光合成反応：光合成は光合成色素であるクロロフィルが太陽光を吸収し，光

エネルギーを用いて二酸化炭素と水を反応させる．この反応式は以下のように表せる．

$$6\,CO_2 \quad + \quad 12H_2O \quad + \quad 光エネルギー$$
二酸化炭素 　　　水　　　　光合成

$$\rightarrow \quad C_6H_{12}O_6 \quad + \quad 6\,O_2 \quad + \quad 6H_2O$$
グルコース　　　酸素　　　水

2）生成された有機物：光合成で生成された有機物は，植物や藻類などの生長のエネルギーとして利用されるだけでなく，食物連鎖によって段階的に高次の消費者に移動する．

3）分解者による利用：生産者と各段階の消費者の死骸やデトリタスは，腐食連鎖によって無機栄養塩（炭素）まで分解され，再び生産者に利用される．

なお，生産者，消費者，分解者の呼吸により有機物は分解され，二酸化炭素が放出される（**図 8.8**）．

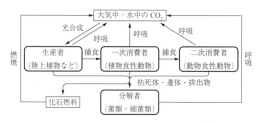

図 8.8　炭素循環のイメージ図 [7]

・窒素循環

窒素は，他の元素と結合しにくい安定な元素であるとともに，DNA や RNA，アミノ酸などの生物体の光に必要な元素である．窒素循環とは，気圏，水圏，地圏，生物圏など，異なる環境を通って，大気に還っていくことである．以下に窒素循環のいくつかのプロセスを説明する（**図 8.9**）．

1）窒素固定

自然窒素固定：空気中の窒素ガス（N_2）を利用できるのは，窒素固定細菌や藻

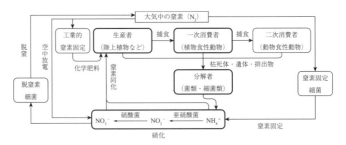

図 8.9　窒素循環のイメージ図 [7)]

類の一部に限られ，これらの生物は使様可能な窒素化合物に固定して窒素源とする．

　人工窒素固定：工業プロセスによって，窒素ガスを化学肥料の生産に利用する．

2）食物連鎖による移動

　生産者から消費者，そして高次消費者へと体内に含まれる窒素分は順次，高次の栄養段階にある生物に引き継がれる．

3）硝化・脱窒作用

　土壌や水中で起こる微生物による窒素化合物の反応である．

　硝化作用：生物の遺骸や排泄物中のタンパク質などの有機化合物は分解されアンモニウムイオン (NH_4^+) になる．好気的な環境においては，亜硝酸細菌によって亜硝酸イオン (NO_2^-) に，その後硝化細菌により硝酸イオン (NO_3^-) に酸化される．これらの反応を硝化作用と呼ぶ．

　脱窒作用：硝化作用で生成された硝酸は，脱窒細菌によって窒素ガス (N_2) に還元される．この反応を脱窒作用と呼ぶ．

・リン循環

　リンは生物の細胞膜の脂質，ATP，DNA や RNA などの重要な生体分子の構成要素であり，生命活動にとって重要な要素である．地球上での存在量自体が多くないため，特に陸上生物群集では不足がちになることが多い．水中ではリン酸イオン PO_4^{3-} の形で溶存しているか，固形粒子に吸着して浮遊してい

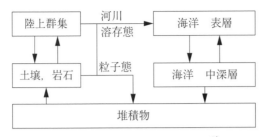

図 8.10　リン循環のイメージ図[8]

る．以下にいくつかのリン循環に係るプロセスを示す（図 8.10）.

1）岩石からの風化

　リンは主に岩石中に存在し，岩石が風化することで土壌にリンが放出される．風化は自然の気象や物理的なプロセスによって行われる．

2）土壌中での吸収

　植物は根を通じて土壌中のリンを吸収し，生長や代謝活動に利用する．リンは植物の細胞内で DNA や ATP，膜構造などの構成要素として使用される．

3）堆積物の分解

　水中の堆積物が嫌気的な状態におかれると，不溶性のリン酸鉄 (III) に含まれているリンは鉄の還元により解離し溶存態リンとして水中に戻る．

4）リンの沈降

　水中ではリンは粒状物質として沈降し堆積物となる．

8.3　環境影響評価（環境アセスメント）

8.3.1　環境アセスメントの制度

　環境アセスメントとは，土地の形状の変化，構造物の新設など海岸事業により生じる環境や社会へ与える影響を少なくするため，あらかじめその事業が環境に及ぼす影響について調査・予測・評価し，環境保全策を検討手続きのことである．このことは，平成 9 年 6 月に制定，平成 11 年 6 月より前面施工された

環境影響評価法によって定められている．環境影響評価法は事業の環境影響評価を進める手続きに関する法律であって，環境基準の設定等を行うものではないことに留意しておく必要がある．目的は，持続可能な開発の支援であり，長期的には持続可能な社会の実現である．沿岸域における環境アセスメントの対象となる事業は**表 8.3**に示す通りである．

平成 24 年には生物多様性の保全，地球温暖化の影響，戦略的アセスメント(SEA) の考慮を踏まえて法が改正され平成 25 年 4 月 1 日から全面施行した．具体的には，計画段階配慮書の作成による，早期段階における複数案による環境配慮を図ることを義務付けていることや，環境影響評価後の環境配慮の充実に資する目的として環境保全措置等の公表の義務化などが定められている．具体的な第 1 種事業における環境影響評価手続きについては**図 8.11**の手順によって進められる．

表 8.3　沿岸域に関連が強い環境アセスメント対象事業

対象事業	第一種事業	第二種事業
飛行場	滑走路長 2,500 m 以上	滑走路長 1,875 m～2,500 m
発電所		
火力発電所	出力 15 万 kw 以上	出力 11.25 万 kw～15 万 kw
原子力発電所	全て	
風力発電所	出力 1 万 kW 以上	出力 7,500 kW～1 万 kw
廃棄物最終処分場	面積 30 ha 以上	面積 25 ha～30 ha
埋立て，干拓	面積 50 ha 超	面積 40 ha～50 ha
土地区画整理事業	面積 100 ha 以上	面積 75 ha～100 ha
工業団地造成事業	面積 100 ha 以上	面積 75 ha～100 ha
港湾計画	埋立・掘込み面積の合計 300 ha 以上	

8.3.2　ミチゲーション

1999 年の海岸法の改正により海岸の環境，海岸の利用に配慮することが明確になっている．そうした中で，近年では海岸の環境創造に対する議論がされ始

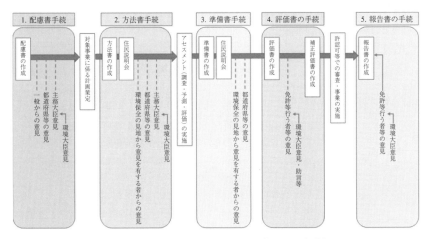

図 8.11　環境影響評価手続き（第 1 種事業）

めている．環境創造の定義は明確ではないが，生態系を含む自然と人間生活の中において持続可能な社会を形成するために，よりよい環境が創りだすことである．そのための概念として近年注目されているのが環境に与える影響を緩和するための保全行為であるミチゲーション (Mitigation) である．ミチゲーション（＝ミティゲーション）はアメリカで先進的に取り扱われており，国家環境政策法 (National Environmental Policy Act：NEPA) の中で**表 8.4** のように定義されている．我が国では環境影響評価法第 1 条において，「事業に係る環境の保全のための措置」の必要性をあげており，その中でミチゲーションを実施することとなる．技術者としてミチゲーションに深く係るのは，それらをどのように実施するかを検討することである．例えば，代償として干潟の創造が必要となった際，代償すべき干潟の特徴や広域に見た場合に生態系を崩すことなく維持することについて検討を行う必要がある．こうしたことから，海岸工学分野においても生態系（特にサンゴ焦，マングローブや干潟に生息する底生生物；ベントス：Benthos など）について工学的視点からの研究がなされている．

　事業者における環境保全・環境創造は検討を行うべき行為でありながらその負担は決して軽いものではない．そうした背景や環境へ与える影響を小さくす

表 8.4　ミチゲーションの概念（千葉県を参考に作成）

項目	内容	具体例
回避	行為の全体又は一部を実行しないことにより，影響を回避すること	【干潟の保全】猛禽類などへの影響も大きく広域にわたって生態系拠点となっている干潟について現況のまま保全
最小化	行為の実施の程度又は規模を制限することにより，影響を最小とすること	【生態系に配慮した水路】水辺の生物が生息可能な自然石及び自然木を利用した護岸とし，影響を最小化.
修正	影響を受けた環境そのものを修復，復興又は回復することにより，影響を修正すること	【魚道の設置】落差工により水路のネットワークが分断されている状況を魚道の設置により修正
影響の軽減	行為期間中，環境を保護及び維持することにより，時間を経て生じる影響を軽減または除去すること	【一時的移動】環境の保全が困難な場合，一時的に生物を捕獲・移動し，影響を軽減
代償	代償の資源又は環境を置換又は供給することにより，影響を代償すること	【代償干潟の設置】多様な生物が生息する干潟を工事区域外に整備し，同じ環境を確保

る概念をもとに，現在合理的な社会資本の維持管理手法として，アセットマネジメント (Asset management) が注目されている．その中でもライフサイクルコスト (Life cycle cost：LCC) が最適となるような投資・予算配分を行うことが維持更新コストの最小化，予防的保全の実施に繋がり，環境保全，環境創造をスムーズにする手法となりうる．

8.4　モデルによる環境評価

8.4.1　生態系モデル

沿岸域の環境や生態系の多様性など，さまざまな事象を動的に捉えるために

は，対象とする自然環境や生態系に要求される予測モデルの精度の応じて多様な取り組みが必要となる．つまり，モデリングとは物理的アプローチや生物学的アプローチなど，多様な相互作用を数学的なモデルで表現し，対象とする事象の動態や特性を理解し予測するための手法である．以下では，モデルの考え方や，いくつかのモデルを取り上げ，モデリングの概略について説明する．

(a) モデルとは

　さまざまな事象を考える上で，「モデル」という言葉が使用される．ここで用いられている「モデル」とは，検討すべき事象や観察される現象などの模型のことである．つまり，この「モデル」でもとの事象等が分かるのであれば，もとの事象を理解することに相当するので，強力なツールとなりうる．ここで，このモデルの構築にあたって，実際の事象を完全に再現するばかりで無く，目的に応じてはさまざまな仮定を設定し，完全に再現しない（全ての項目を考慮しない）場合も重要である．例えば，明石海峡大橋の周りの流れを検討する場合，原寸大の模型を用意して実験を行うことは不可能であるので，一般的には縮小模型を用意して，ある実験条件を設定して橋脚模型周りの流れを計測することになる．ここで，周辺流体の粘性の影響を考慮するように実験条件を設定すると，重力の影響を適切に考慮できなくなる．つまり，目的に応じて実験条件を設定する必要があり，モデルの構築（モデル化）においては，検討すべき事象や現象を適切に抽象化する必要がある．

1) 簡単な個体数の変化

　ある空間において，時間経過に伴う個体数の変化を考える場合，その個体数の増加に耐えうる十二分な空間と資源が存在すると仮定すると，個体数の増加率は個体数に比例すると考えられる．すなわち

$$\frac{dN}{dt} = \gamma N \tag{8.3}$$

と表される．ここに，N は個体数，γ は個体群の増加率である．この 1 階常微

分方程式を境界条件（初期状態 $T = 0$ で個体数 $N = N_0$）を踏まえて解くと，以下のような解を得る．

$$N = N_0 e^{\gamma t} \tag{8.4}$$

ここで，γ には個体数の出生や死亡を含めたものとなっているが，増加に対する環境が理想的な条件を満たす場合，その個体が有している増殖率と考えることができ，そのような場合を内的自然増殖率という．この結果により，$\gamma > 0$ であれば個体数は時間経過とともに指数関数的に増加する．

2) 植物プランクトンの増殖モデル

　植物プランクトンは，水質に大きく影響を与えることが知られている．また，植物プランクトンを含めた生態系予測モデルを構築する上でも，その動態を把握することは重要である．ここでは，一例として植物プランクトンの室内増殖実験に対する動態の評価モデル構築について説明する．なお，実験は室内に直径 60 cm，高さ 100 cm の円筒形水槽を用意し，光と栄養塩，水温を調整して行われ，植物プランクトンの鉛直動態を検討している．

　一般に，植物プランクトンの増殖は対象種の増殖状況や呼吸・枯死による減少などを考慮して，以下のように表される．

$$\frac{dM}{dt} = (G_M - k_m - S_M - E_Z)M \tag{8.5}$$

ここに，G_M は植物プランクトンの比増殖速度，k_m は植物プランクトンの呼吸や枯死等による減衰速度，S_M は沈降による減少速度，E_Z は捕食による減少速度である．

　G_M では，栄養塩濃度や生育する環境（日射条件や水温等）の影響を考慮することが必要である．そこで，G_M は以下のように表される．

$$G_M = \mu_{max} \times f_N \times f_I \times f_T \times \beta \tag{8.6}$$

ここに，μ_{max} は最大比増殖速度，f_N，f_I，f_T はそれぞれ栄養塩濃度，日射，水

温に関する影響関数，β は混雑効果関数である．環境による影響関数の表現手法はさまざまであるので，以下に一例を示す．

日射影響関数は以下のように表される．

$$f_I = \frac{I}{I_{\mathrm{opt}}} exp\left(-\frac{I}{I_{\mathrm{opt}}} + 1\right) \tag{8.7}$$

ここに，I_{opt} は最適日射量である．

水温影響関数は以下のように表される．

$$f_T = \theta^{T-T_{\mathrm{opt}}} \tag{8.8}$$

ここに，T_{opt} は最適水温，T は温度である．なお，室内増殖実験を対象とするため，栄養塩制限が無いと考え f_{N} は $f_{\mathrm{N}} = 1$ とする．

混雑影響関数は以下のように表される．

$$\beta = 1 - \frac{M}{M_{\mathrm{max}}} \tag{8.9}$$

ここに，M_{max} は実験時の最大濃度とする．また，S_{M} はよく用いられるストークスの粒子沈降式で検討し，制限された環境下での実験であるため，他種による捕食は無い ($E_{\mathrm{Z}} = 0$) と仮定した．

上述のモデルにより植物プランクトンの動態を検討した．その結果を**図 8.12**に示す．本結果より，実験開始時に植物プランクトンは鉛直的に一様に存在していたが，時間経過とともに分布状況が変化していることが確認できる．一方，モデル解析によっても時間経過による植物プランクトンの鉛直分布形状の変化を表されていることが確認でき，植物プランクトンの動態評価が可能であることが分かる．

(C) 海浜植物コウボムギの生長解析モデル [10)]

海浜は海岸利用の観点から重要な場所であるとともに，動植物の生息・生育地となっている．海浜に生育する植生は多様性を担うだけでなく，飛砂の補足や発生抑制など物理的な効果も持ち合わせている．そこで，海浜植生の1つで

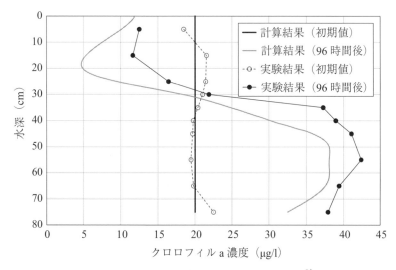

図 8.12　実験およびモデル解析結果の一例 [9]

あるコウボウムギの生長解析モデルを例に説明する.

　コウボウムギ (*Carex Kobomugi*) はカヤツリグサ科の多年生草本であり，日本における代表的な海浜植生である（**写真 8.1**）．コウボウムギの生活史は以下のようになる．春に発芽，もしくは地下部から葉茎の生長を開始するとともに，

写真 8.1　コウボウムギの写真

穂の生長も開始する．生長初期には地下茎に蓄えられた物質を利用するが，生長とともに光合成を行い，その生産物を各器官に輸送する．夏から秋にかけて穂を枯らし，光合成物質が転流により地下部に貯蔵され，越冬を行う．なお，生長において，1〜2 m 程度の横走地下茎を延ばし，その先に葉茎を地上に出すが，堆積量が多くなると，上向きにも地下茎を展開する．

コウボウムギの各器官（葉茎・地下部・横走地下茎・穂）のバイオマスの時間変化は以下のように表される．

・葉茎モデル

$$\underset{\substack{\text{葉茎のバイオマス}\\\text{の時間変化}}}{\frac{dB_{\text{sht}}}{dt}} = \underset{\text{葉茎の光合成量}}{P_{\text{sht}}} - \underset{\text{葉茎の呼吸量}}{R_{\text{sht}}} - \underset{\text{葉茎の枯死量}}{D_{\text{sht}}}$$

$$+ \underset{\substack{\text{初期生長期の地下部}\\\text{から葉茎への輸送量}}}{f_{\text{sht}A} \cdot T_{\text{sht}A}} + \underset{\substack{\text{光合成生長期の地下部}\\\text{から葉茎への輸送量}}}{f_{\text{sht}B} \cdot T_{\text{sht}B}}$$

$$- \underset{\substack{\text{光合成生長期の葉茎から}\\\text{地下部への輸送量}}}{f_{\text{below}B} \cdot T_{\text{below}B}} - \underset{\substack{\text{老化期の葉茎から}\\\text{地下部への輸送量}}}{f_{\text{below}C} \cdot T_{\text{below}C}}$$

$$(8.10)$$

・地下部モデル

$$\underset{\substack{\text{地下部のバイオマス}\\\text{の時間変化}}}{\frac{dB_{\text{below}}}{dt}} = - \underset{\text{地下部の呼吸量}}{R_{\text{below}}} - \underset{\text{葉茎の枯死量}}{D_{\text{below}}} - \underset{\substack{\text{初期生長期の地下部}\\\text{から葉茎への輸送量}}}{f_{\text{sht}A} \cdot T_{\text{sht}A}}$$

$$- \underset{\substack{\text{光合成生長期の地下部}\\\text{から葉茎への輸送量}}}{f_{\text{sht}B} \cdot T_{\text{sht}B}} + \underset{\substack{\text{光合成生長期の葉茎から}\\\text{地下部への輸送量}}}{f_{\text{below}B} \cdot T_{\text{below}B}}$$

$$+ \underset{\substack{\text{老化期の葉茎から地下部}\\\text{への輸送量}}}{f_{\text{below}C} \cdot T_{\text{below}C}} - \underset{\substack{\text{地下部から穂（雄）}\\\text{への輸送量}}}{f_{\text{pm}} \cdot T_{\text{pm}}}$$

$$- \underset{\substack{\text{地下部から穂（雌）}\\\text{への輸送量}}}{f_{\text{pf}} \cdot T_{\text{pf}}} - \underset{\substack{\text{地下部から横地下茎}\\\text{への輸送量}}}{f_{\text{hrhi}} \cdot T_{\text{hrhi}}} \qquad (8.11)$$

・横走地下茎モデル

$$\underset{\substack{\text{横走地下茎のバイオ}\\\text{マスの時間変化}}}{\frac{dB_{\mathrm{hrhi}}}{dt}} = -\underset{\text{横走地下茎の呼吸量}}{R_{\mathrm{hrhi}}} - \underset{\text{横走地下茎の枯死量}}{D_{\mathrm{hrhi}}} - \underset{\substack{\text{地下部から横走地下茎}\\\text{への輸送量}}}{f_{\mathrm{hrhi}} \cdot T_{\mathrm{hrhi}}}$$

$$(8.12)$$

・穂モデル

$$\underset{\substack{\text{穂（雄）のバイオマス}\\\text{の時間変化}}}{\frac{dB_{\mathrm{pm}}}{dt}} = -\underset{\text{穂（雄）の呼吸量}}{R_{\mathrm{pm}}} - \underset{\text{穂（雄）の枯死量}}{D_{\mathrm{pm}}} - \underset{\substack{\text{地下部から穂（雄）}\\\text{への輸送量}}}{f_{\mathrm{pm}} \cdot T_{\mathrm{pm}}}$$

$$(8.13)$$

$$\underset{\substack{\text{穂（雌）のバイオマス}\\\text{の時間変化}}}{\frac{dB_{\mathrm{pf}}}{dt}} = -\underset{\text{穂（雌）の呼吸量}}{R_{\mathrm{pf}}} - \underset{\text{穂（雌）の枯死量}}{D_{\mathrm{pf}}} - \underset{\substack{\text{地下部から穂（雌）}\\\text{への輸送量}}}{f_{\mathrm{pf}} \cdot T_{\mathrm{pf}}}$$

$$(8.14)$$

ここに，B（g/0.04 m²/日）は各器官のバイオマス，P（g/0.04 m²/日）は光合成量，R（g/0.04 m²/日）は各器官の呼吸量，D（g/0.04 m²/日）は各器官の枯死量，T（g/0.04 m²/日）はある器官からある器官への輸送量，fはコウボウムギの生活史に応じた係数である．支配方程式の各項の関係を図 8.13 に示す．

　これらの常微分方程式群を諸量のt = 0における値を初期条件として与えた上で初期値問題として数値的に解くことにより（Runge-Kutta-Gill 法など），コウボウムギの各器官の時間変化を求めることができる．

　図 8.14 に上記のモデルの解析結果を示す．本結果には，現地観測結果（プ

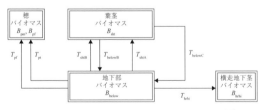

図 8.13　支配方程式の各項の相互関係[11]

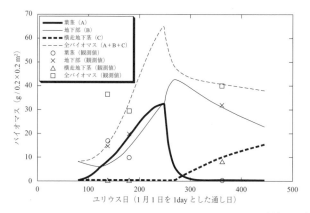

図 8.14 バイオマスの観測地と解析結果の比較 [11]

ロット）と計算結果（ライン）が併記されている．全バイオマスの動態に着目すると，春から夏季にかけて大きく増加している状況や，その後の減少分をよく表現できている．また，その内訳（各器官）の動態においても季節変動を再現しており，モデルの有用性が示されている．

8.4.2　流動モデル

近年，沿岸域では赤潮・青潮，ダイオキシン類による汚染，放射性物質による汚染や沿岸の漂着ゴミなど多種多様な問題を抱えている．海岸線のほとんどが人工海岸である都市部の港湾では河川流域や臨海部で人口・産業が集中し汚染源が多く，大きな課題となっている．特に東京湾は横須賀市観音岬と富津市富津岬の間の狭窄部は幅約 7 km と狭いため閉鎖性が強く，荒川や多摩川などの一級河川や二級河川から流入した汚染物質が堆積しやすい構造になっている．

海岸域の海洋汚染の実態は，現地によるサンプリングや数理モデルによる把握が一般的である．それぞれに利点を有するが，狭域から広域までの空間を連続的に把握するには計算機の発展とともに数理モデルによる解析が主流となってきている．ここでは一例として，汚染物質の分布に大きく寄与する 3 次元流動場について準 3 次元モデルを説明する．準 3 次元モデルでは水位の変動を考

慮することが容易な他，正 3 次元モデルに比べ演算時間が短縮できるという特徴がある．準 3 次元モデルの基礎方程式および境界条件の例を以下に示す．

運動方程式（運動量保存則）は以下の式 (8.15) と (8.16) である．

$$\frac{\partial u}{\partial t} + \frac{\partial uu}{\partial x} + \frac{\partial vu}{\partial y} + \frac{\partial wu}{\partial z} + \frac{1}{\rho}\frac{\partial p}{\partial x} = \frac{\partial}{\partial x}\left(A_x \frac{\partial u}{\partial x}\right) + \frac{\partial}{\partial y}\left(A_y \frac{\partial u}{\partial y}\right)$$
$$+ \frac{\partial}{\partial z}\left(A_z \frac{\partial u}{\partial z}\right) + fv$$

$$(8.15)$$

$$\frac{\partial v}{\partial t} + \frac{\partial uu}{\partial x} + \frac{\partial vv}{\partial y} + \frac{\partial wv}{\partial z} + \frac{1}{\rho}\frac{\partial p}{\partial y} = \frac{\partial}{\partial x}\left(A_x \frac{\partial v}{\partial x}\right) + \frac{\partial}{\partial y}\left(A_y \frac{\partial v}{\partial y}\right)$$
$$+ \frac{\partial}{\partial z}\left(A_z \frac{\partial v}{\partial z}\right) - fu$$

$$(8.16)$$

ここに，u, v, w はそれぞれ x 方向，y 方向，z 方向の流速成分，ρ は密度，p は圧力，A_x, A_y, A_z は渦粘性係数，f はコリオリ係数を示す．ここで，コリオリ力とは，慣性力の一種で，図 8.15 に示すように地球が自転していることにより，この回転系から離れた物体が見かけの力を受けているように見える力である．ニュートンの第 2 法則から，以下のように与えられる．

$$F = m2\Omega V \sin\phi \qquad\qquad (8.17)$$

ここに，m は質量，Ω は角速度，V は物体の速度（ここでは流体），ϕ は緯度

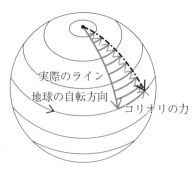

図 8.15　コリオリ力の発生原因 [12]

を示す.

状態方程式として,静水圧近似が可能である.

$$p = g \int_{zb}^{zs} \rho dz \tag{8.18}$$

準3次元モデルでは以下の連続式を満足するように w 成分を算出することになる.

$$\frac{\partial u}{\partial x} + \frac{\partial v}{\partial y} + \frac{\partial w}{\partial z} = 0 \tag{8.19}$$

密度状態の変化は水温,塩分,圧力から求められるため,以下の移流・散方程式より水温,塩分の変動を常に算出する.

$$\frac{\partial T}{\partial t} + \frac{\partial uT}{\partial x} + \frac{\partial vT}{\partial y} + \frac{\partial wT}{\partial z} = \frac{\partial}{\partial x}\left(K_x \frac{\partial T}{\partial x}\right) + \frac{\partial}{\partial y}\left(K_y \frac{\partial T}{\partial y}\right)$$
$$+ \frac{\partial}{\partial z}\left(K_z \frac{\partial T}{\partial z}\right) \tag{8.20}$$

$$\frac{\partial S}{\partial t} + \frac{\partial uS}{\partial x} + \frac{\partial vS}{\partial y} + \frac{\partial wS}{\partial z} = \frac{\partial}{\partial x}\left(K_x \frac{\partial S}{\partial x}\right) + \frac{\partial}{\partial y}\left(K_y \frac{\partial S}{\partial y}\right)$$
$$+ \frac{\partial}{\partial z}\left(K_z \frac{\partial S}{\partial z}\right) \tag{8.21}$$

密度式は,多項式によって算出される国際海水状態方程式 (1981) を用いると簡単でありながら精度良く海水の状態を再現することが可能とされ,過去に最も利用されている.

$$\rho = f(T, S, p) \tag{8.22}$$

境界条件は,解析したい物質の時空間スケールなどにより異なる.例えば,外界の条件などでは,水位の変動を考慮するのが一般的である(式8.22).近年では,境界による計算精度の低下を避けるために,広域モデルからのネスティング手法などにより,限定的な海域での解析を行うことが多くなっている.

$$\zeta = Am \times \cos\left(\frac{2\pi t}{Tide} - \pi\right) \tag{8.23}$$

ここで，t：時間 (s)，x, y, z：座標軸（x, y：水平，z：鉛直），u, v, w：各座標軸方向の流速成分 (m/s)，A_x, A_y, A_z：各座標軸方向の渦動粘性係数 (m²/s)，f：コリオリのパラメータ，p：圧力 (atm)，ρ：密度 (kg/m³)，g：重力加速度 (m/s²)，z_s：海面位置 (m)，z_b：海底位置 (m)，T：水温 (℃)，S：塩分濃度，K_x, K_y, K_z：各座標軸方向の渦動拡散係数 (m²/s)，ζ：水位 (m)，$\mathrm{D} = \zeta + h$：全水深 (m)，h：水深 (m)，n：境界面と垂直方向，A_m：振幅，$Tide$：周期 (s)，T_e：外界での水温 (℃)，S_e：外界での塩分濃度である．

図 8.16 に東京湾における計算例を示す．この計算は，東京湾口において水位の変動として M₂ 分潮を与え，河川流，コリオリ力を考慮したものである．表層では湾奥から湾口に向けて流れる様子が見られ，深層では補償流として湾内へ流入する流れが確認できる．

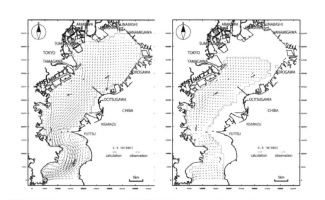

図 8.16　平均流速分布と東京湾広域環境調査の実測値との比較
　　　　（左：海面下 3 m，右：海面下 15 m）（東京湾における潮汐残渣流の計算
　　　　結果）

8.4.3　マイクロプラスチックによる海洋汚染

マイクロプラスチック（5 mm 未満のプラスチック，以下：MPs）の海洋汚染に世界で注目が集まっている．2050 年には海洋中のプラスチックごみの量が

魚の量を上回るといわれており，我が国も 2050 年までに，プラスチック排出量を削減することに言及し，2022 年 4 月からは，プラスチックに係る資源循環促進等に関する法律が施行されている．海洋に流入した MPs は直接的に海洋生物の摂食障害を生じさせてしまう恐れがある他，難溶解性が強く，さらに毒性の強い化学物質（例えば PCB など）を吸着しやすい特性があることから中長期的な問題として懸念されている．人体への取り込みも確認されており，日本においても全国的に河川，海域，湖沼などでの汚染実態の把握が進められている．プラスチックごみは人工物であり，その 7 割は陸域起源とされている．つまり，人口が多く，流入河川などが多い海域では必然と MPs が多くなることが推察される．

　MPs は河川や下水・雨水から海洋へ流入し，沿岸域へ漂着し紫外線劣化などを起こしている．その後，潮汐や波浪により微粒化しながら再び海洋で浮遊し，最終的には海底へ沈降していると考えられる．図 8.17 に示すようにマイクロプラスチックは劣化により分子構造が弱くなることによって細分化され，劣化の度合いはフーリエ変換赤外分光装置 (FT-IR) またはラマン分光光度計などによりスペクトルから判断が可能である．MPs はもともとマイクロサイズ以下で

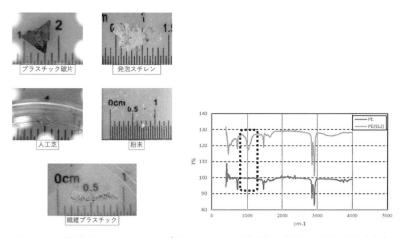

図 8.17　検出されるマイクロプラスチックの例（左：種類，FT-I の測定値）

製造されている 1 次マイクロプラスチックと，微粒化に伴って 5 mm を下回る 2 次マイクロプラスチックがある．前者はスクラブ剤などで用いられることが多く，下水などへ流入しやすい．東京湾では，海底土の MPs 個数密度が海表面より 1,000〜10,000 倍程度高いことが分かっている．MPs は主にポリエチレン (PE)，ポリプロピレン (PP)，ポリスチレン (PS)，ポリ塩化ビニル (PVC) やポリエチレンテレフタレート (PET) などを中心にさまざまな用途に利用されている．この内 PE や PP は製造率が高い一方で，比重が小さいため海底へ沈降するには，図 8.18 に示す概念図のように他の物質を吸着するなどして比重が変わる必要がある．例えば，バイオフィルムや SS（浮遊物質）などである．

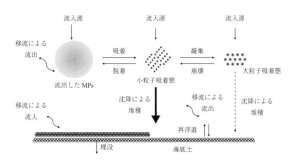

図 8.18　マイクロプラスチックの沈降・堆積プロセスの概念

　海洋の MP の汚染状況を空間的に把握するには，数理モデルによる解析が有効である．ここでは，MPs を対象として 3 次元の流動解析結果（図 8.16）を利用しオイラー・ラグランジュ手法である粒子追跡を説明する．

　物質を運ぶ流速は，例えば式 (8.15) で算出された流速（オイラー流速）に加えて乱れ成分から成り立っている（ラグランジュ流速）．

$$U = U_{\mathrm{t}} + R_{\mathrm{t}} \tag{8.24}$$

ここでは，この乱れ成分を確立論である一次マルコフ仮定に基づいて展開すると，未来の挙動が現在の値だけで決定され，過去の挙動と無関係であるという性質を持つことから，時刻 t の乱れ成分は現在 (t − 1) の乱れ成分とその現象ス

ケールから式 (8.25) のように表される.

$$R_t = \rho \times R_{t-1} + N(0, \sigma) \tag{8.25}$$

それぞれ, ρ, σ は以下のように表される.

$$\rho = \exp((-\Delta t)/T_L) \tag{8.26}$$

$$\sigma = \sqrt{(1 - \rho^2) \times \sigma_U{}^2} \tag{8.27}$$

$$\sigma_U{}^2 = R_K/T_L \tag{8.28}$$

ここで, U_t：流速成分（時刻 t の流速成分 (m/s)）, R_t：乱れ成分（時刻 t の乱れ成分 (m/s)）, R_{t-1}：時刻 t-1 の乱れ成分, $N(0, \sigma)$ は時間的に変化するランダムな現象を表すもので確率過程と条件付き期待値により求められる確立モデル, Δt：シミュレーション時間刻み (s), T_L：インテグラルタイムスケール (s), $\sigma_U{}^2$：流速変動の二乗平均, R_K：拡散係数 (m^2/s) である.

　図 8.19 に粒子挙動解析結果（計算開始 7 日後）を示す. Case1 では湾奥に流入した粒子が潮汐の影響を受け往復運動しながらも湾中央へと移流する様子

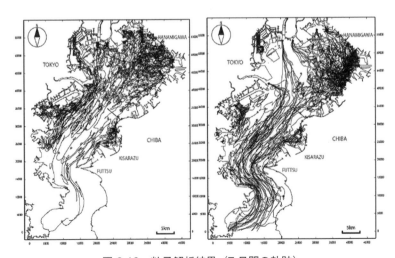

図 8.19　粒子解析結果（7 日間の軌跡）
（左：Case1（平常時）, 右：Case2（出水時））

が伺える．湾中央部ではやや西側よりに南下している．7 日間での計算では湾奥部に流入した粒子は，湾中央から湾口部までの到達となっている．Case2 では荒川，多摩川から流入した粒子が，Case1 よりも湾奥部では地形に沿いながら，富津岬，浦賀水道を通過して湾口まで到達している．一方で，江戸川や花見川など千葉県側の河川から放流された粒子は，湾奥部千葉県側を中心に滞留している様子が見られる．これは，荒川，旧江戸川の増水に伴う河川流が千葉県側に張り出し，千葉県側では水深が浅く，小さな循環流となっていることが寄与しているものと考えられる．Caes2 では Case1 と比較して，多くの粒子が湾外へ流出している．これは，平常時の河川水滞留時間が 1 ヶ月程度であり，多くの粒子が湾内に残存するのに対して，出水時程度の増水時には，特に東京都，神奈川県側の河川から流入した粒子が湾外へ流出する可能性があることを示している．

8.4.4　放射性物質による海洋汚染

　2011 年 3 月に発生した東日本大震災に伴い，東京電力(株)福島第一原子力発電所（以下，福島第一原発）から放出される放射性物質が環境へ与える影響について，今なお懸念が続いている．その中でも，東京湾は閉鎖性が強く，河川流入量が多いことから放射性物質の影響が懸念される．しかしながら，現在も実施しているモニタリングの情報だけでは，面的な評価および将来予測は難しい状況にある．

　放射性物質は海洋中では 3 様態（溶存態，小粒子吸着態，大粒子吸着態）に大別され，浮遊物質など粒子への吸着を数日程度の中で繰り返しながらスキャベンジグ効果により海水下層へ沈降する．沈降した放射性物質は，粒子として海底表層に堆積し，平均して年間数 cm 程度の速度で海底下層へ埋没していく．この間，海底表層からは海流による海底巻上げ，生物攪乱によって海水へ再度溶出する．海底下層 1 m 程度まで到達すると，海水への溶出はなく下層へと埋没するのみとなる．

現在では，これらを考慮したモデリングがなされており，数十年から数百年（放射性物質の半減期に合わせて）解析が可能である．ここでは，Hybrid Box Model を用いたモデルによる解析例を紹介する．Box モデルは図 8.20 に示すように 1Box 当たり 6 面の物質収支により質量保存を満足する計算手法で，力学モデルと異なり駆動力を必要としない特徴がある．そのため，駆動力が複雑な海域や不明瞭な海域に適用される．また，拡散過程においても生態系モデルなどのように水平・鉛直に複雑なやり取りがある場合にも適用しやすい．以下に各層における基礎式（物質の収支）を示す．

・溶存態物質（最下層以外）

$$V_i \frac{dC_{di}}{dt} = P - \sum_{j=1}^{n} W_{ij} C_{di} + \sum_{j=1}^{n} W_{ji} C_{dj} + \sum_{j=1}^{n} \left(A_{ji} K_z \frac{C_{dj} - C_{di}}{L_{ij}} \right)$$
$$- V_i \lambda C_{di} - V_i k_1 C_{di} + V_i k_{-1} C_{si} + V_i \gamma (C_{\ell i} + C_{si})$$

$$(8.29)$$

・溶存態物質（最下層）（Interface 海水層）

$$V_i \frac{dC_{di}}{dt} = - \sum_{j=1}^{n} W_{ij} C_{di} + \sum_{j=1}^{n} W_{ji} C_{dj} + \sum_{j=1}^{n} \left(A_{ji} K_z \frac{C_{dj} - C_{di}}{L_{ij}} \right)$$
$$- V_i \lambda C_{di} - V_i k_1 C_{di} + V_i k_{-1} C_{si} + V_i \gamma (C_{\ell i} + C_{si})$$

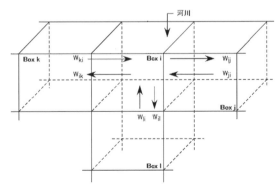

図 8.20　Box モデルの概念 [13]

$$- V_i K_1 C_{di} + V_{PL} K_2 C_{PL} - V_i \lambda_{d1,3} C_{di} + V_{BL} \lambda_{d3,1} C_{BL}$$

$$(8.30)$$

・小粒子吸着態

$$V_i \frac{dC_{si}}{dt} = - \sum_{j=1}^{n} W_{ij} C_{si} + \sum_{j=1}^{n} W_{ji} C_{sj} + \sum_{j=1}^{n} \left(A_{ji} K_z \frac{C_{sj} - C_{si}}{L_{ij}} \right)$$

$$- V_i \lambda C_{si} - V_i k_1 C_{di} + V_i k_{-1} C_{si} + V_i \gamma_{-1} C_{\ell i} - V_i r_1 C_{si}$$

$$- V_i \gamma C_{si} \qquad (8.31)$$

・大粒子吸着態

$$V_i \frac{dC_{\ell i}}{dt} = - V_i \lambda C_{\ell i}$$

$$- V_i r_{-1} C_{\ell i} + V_i r_1 C_{si} - V_i \gamma C_{\ell i} + A_{ui} V_{down} C_{\ell u}$$

$$- A_{iL} V_{down} C_{\ell i} \qquad (8.32)$$

・P 層（Interface 粒子層）

$$V_{Pi} \frac{dC_{Pi}}{dt} = A_{iL} V_{down} C_{\ell i}$$

$$- V_{Pi} K_2 C_{Pi} - V_{Pi} \lambda_{s2,3} C_{Pi} + V_{BL} \lambda_{b3,2} C_{BL}$$

$$- V_{Pi} \lambda_{b2,3} C_{Pi} + V_{BL} \lambda_{d3,2} C_{BL} - V_{Pi} \lambda_{d2,3} C_{Pi} \qquad (8.33)$$

・B 層（Bioturbated_Layer）（生物撹乱層）

$$V_{Bi} \frac{dC_{Bi}}{dt} = V_u \lambda_{d1,3} C_{di} - V_{Bi} \lambda_{d3,1} C_{Bi}$$

$$+ V_{Pu} \lambda_{s2,3} C_{Pu} + V_{Pu} \lambda_{b2,3} C_{Pu} - V_{Bi} \lambda_{b3,2} C_{Bi}$$

$$+ V_{Pu} \lambda_{d2,3} C_{Pu} - V_{Bi} \lambda_{d3,2} C_{Bi} - V_{Bi} \lambda_{s3,4} C_{Bi}$$

$$+ V_{DL} \lambda_{d4,3} C_{DL} - V_{Bi} \lambda_{d3,4} C_{Bi} \qquad (8.34)$$

・D 層（Diffusive_Layer）（拡散層）

$$V_{\text{Di}} \frac{dC_{\text{Di}}}{dt} = -V_{\text{Di}} \lambda_{\text{s4}} C_{\text{Di}}$$
$$+ V_{\text{Bu}} \lambda_{\text{s3,4}} C_{\text{Bu}} + V_{\text{Bu}} \lambda_{\text{d3,4}} C_{\text{Bu}} - V_{\text{Di}} \lambda_{\text{d4,3}} C_{\text{Di}}$$

$$(8.35)$$

ここで, P：放射性物質流入量 (Bq/s), C_{di}：ボックス i の溶存態放射性物質濃度 (Bq/m^3), V_{i}：ボックス i の体積, A_{ij}：ボックス i と j の接触面積 (m^2), K_{z}：拡散係数, L_{ij}：ボックス i と j の平均距離 (m), C_{si}：ボックス i の小粒子吸着態放射性物質濃度 (Bq/m^3), k_1：放射性物質の小粒子への吸着速度 (1/s), k_{-1}：放射性物質の小粒子からの脱着速度 (1/s), γ：粒子の無機化（分解）速度 (1/s), r_1：小粒子の凝集速度 (1/s), $r\text{-}1$：大粒子の崩壊速度 (1/s), V_{down}：沈降速度 (m/s), K_1：放射性物質の吸着率 (1/s), K_2：放射性物質の溶出率（脱着率）(1/s), $\lambda_{\text{d1,3}}$, $\lambda_{\text{d3,1}}$：Interface 海水層から生物撹乱層（逆の）への拡散移動率 (1/s), C_{Pi}：Interface 粒子層ボックス i の放射性物質濃度 (Bq/m^3), $\lambda_{\text{s2,3}}$：Interface 粒子層から生物撹乱層への埋没率 (1/s), $\lambda_{\text{b2,3}}$, $\lambda_{\text{b3,2}}$：Interface 粒子層から生物撹乱層（逆の）へのバイオターベーション移動率 (1/s), C_{Bi}：生物撹乱層ボックス i の放射性物質濃度 (Bq/m^3) $\lambda_{\text{s2,3}}$：Interface 粒子層から生物撹乱層への埋没率 (1/s), $\lambda_{\text{s3,4}}$：生物撹乱層から拡散層への埋没率 (1/s), $\lambda_{\text{d3,4}}$, $\lambda_{\text{d4,3}}$：生物撹乱層から拡散層（逆の）への拡散移動率 (1/s) C_{Di}：拡散層の放射性物質濃度 (Bq/m^3), $\lambda_{\text{s3,4}}$：生物撹乱層から拡散層へ埋没率 (1/s), λ_{s4}：拡散層における埋没率 (1/s), $\lambda_{\text{d3,4}}$, $\lambda_{\text{d4,3}}$：生物撹乱層から拡散層（逆の）への拡散移動率 (1/s) を表す.

　東京湾における海底土表層 (Bioturbated layer) の拡散分布を図 8.21 に示す. 東京湾湾奥部千葉県側の放射性物質濃度の上昇が著しい分布となっている. また, 木更津, 川崎間から富津岬沖までの中腹部において放射性物質濃度が減少している. 図 8.22 には中長期的な評価として重要となる海底土の鉛直分布について実測値と比較を行っている. 海底土鉛直の放射性物質濃度は深さ 5 cm 程度でおよそピークとなり, 更に深くなるにつれて濃度が減少し, 深さ 30 cm

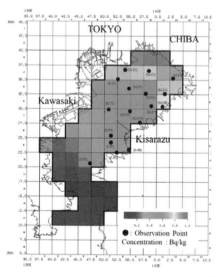

図 8.21　表層の放射性物質分布（5 年後）[14]

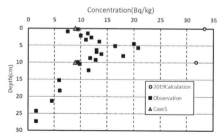

図 8.22　海底土中の放射性物質濃度（東京湾中央，5 年度）[14]

以深では 1 Bq/kg まで低下することが再現されている．

　このように，沿岸域の物質循環においては沿岸流や河川流を考慮するとともに時間スケールの長い沈降や海底土堆積を考える必要があり，解明する現象に合わせてモデルなどを選択することが重要である．

演習問題

問題 8.1

3次元流れのオイラーの運動方程式（x方向）である下式について，時間項，移流項，外力，圧力を表す項を記述せよ．

$$\frac{\partial u}{\partial t} + u\frac{\partial u}{\partial x} + v\frac{\partial u}{\partial y} + w\frac{\partial u}{\partial z} = X - \frac{1}{\rho}\frac{\partial p}{\partial x}$$

〈解答例〉

時間項：$\dfrac{\partial u}{\partial t}$

移流項：$u\dfrac{\partial u}{\partial x} + v\dfrac{\partial u}{\partial y} + w\dfrac{\partial w}{\partial z}$

外力を表す項：X

圧力を表す項：$-\dfrac{1}{\rho}\dfrac{\partial p}{\partial x}$

問題 8.2

3次元流れのオイラーの運動方程式（z方向）である式(3)を用いて静止流体における圧力分布式を導け．ただし，p_oは大気圧，質量力は$-g$とする．

$$\frac{\partial w}{\partial t} + u\frac{\partial w}{\partial x} + v\frac{\partial w}{\partial y} + w\frac{\partial w}{\partial z} = Z - \frac{1}{\rho}\frac{\partial p}{\partial z}$$

〈解答例〉

式において静止流体であるので $u = v = w = 0$，外力は $X = Y = 0$，$Z = -g$ である．

よって，$0 = -g - \dfrac{1}{\rho}\dfrac{\partial p}{\partial z}$ $\rightarrow$ $\rho g = -\dfrac{\partial p}{\partial z}$ 両辺を積分して

$\displaystyle\int \frac{\partial p}{\partial z}dz = -\int \rho g dz$ $\rightarrow$ $p = -\rho g z + C$ ここに C は積分定数である．

$z = 0$（水面）で $p = p_o$（大気圧）であるから $C = p_o$ となる．よって，z座標の下向きを正として，水深 h における静水流体中の圧力分布は $\underline{p = \rho g z + p_o}$ で表される．

問題 8.3

　青潮とは，強風が継続して吹くことで，水域の底層における貧酸素水塊が湧昇し，嫌気分解により生じた硫化水素等が大気中の酸素と反応して青白濁色なった海域をいう【○ or ×】.

〈解答例〉

○

　湧昇した水塊に硫黄粒子や硫黄化合物が含まれているため水面が青白く見える.

問題 8.4

　生態系の機能には環境の形成・維持, 物質生産・循環などがある.【○ or ×】.

〈解答例〉

×

　海洋生態系にとって重要な干潟は，河川によって流れてきた砂泥や有機物, 栄養塩が堆積することによって，河口部や内湾に形成される泥や細砂の堆積物からなる平面的な場所である. また，底質に強い保水力があり湿潤な環境が維持されることで砂浜とは環境が大きく異なる. 干潟底質の安定性と柔軟性, 高い保水力による乾燥ストレスの緩和, そして水平的に広い空間の存在により, アサリのような二枚貝類, 釣りの餌などとして利用されるゴカイ類, カニ類やヨコエビ類などの甲殻類といった底生生物（ベントス類）など, 豊富な生物が生活している.

問題 8.5

　ある種の生存数が指数成長型で表せると仮定し, 以下のように表されるとする.

$$N(t) = N(0) R^t$$

ここに，N(t) は t 年度の生存数, N(0) は初期値, R は対象種の期間増速率である. 今, R を R = 1.13 とした場合, 対象種の個体数が現在の 3 倍になるた

めには何年かかるか求めよ.

〈解答例〉

$$N(t) = N(0)R^t \rightarrow R^t = N(t)/N(0) = 3$$

よって,両辺の自然対数をとって整理すると,

$$t = ln(3)/ln(R) = 8.98$$

よって,約 9 年となる.

問題 8.6

日本の高度経済成長期における人口を以下の表に示す.

年	人口 (P)(単位:千人)
1955	89,276
1970	103,720

ここで,人口の変化を以下の方程式でモデル化するために,方程式内の γ の値はいくつになるか求めよ.

$$\frac{dP}{dt} = \gamma P$$

〈解答例〉

式を踏まえると,$\gamma = 0.01$ となる.したがって,人口の予測モデル式は

$$P(t) = 89276 \times e^{0.01t}$$

となる.

なお,この式を用いて 1980 年の人口を予測すると $114{,}633 \times 10^3$(人)となり,実際の人口データ($117{,}060 \times 10^3$(人))と $2{,}727 \times 10^3$(人)(約 2%)のずれが生じている.

引用・参考文献

1) https://www.cia.gov/the-world-factbook/field/coastline/
2) https://jaczs.com/03-journal/teigen-tou/jacz2000.pdf
3) https://www.jfa.maff.go.jp/j/kikaku/tamenteki/kaisetu/moba/higata_genjou/
4) https://www.jfa.maff.go.jp/j/study/kikaku/moba_higata/pdf/1siryou.pdf
5) https://www.env.go.jp/nature/koen_umi/umi02_3.pdf
6) https://gendai.media/articles/-/58315?page=2
7) https://terakoya-seibutsu.hatenablog.com/entry/2017/01/09/%E3%80%90%E7%94%9F%E7%89%A9%E5%9F%BA%E7%A4%8E%E3%80%91%E7%AC%AC%EF%BC%95%E7%AB%A0_%E7%94%9F%E6%85%8B%E7%B3%BB%E3%81%A8%E3%81%9D%E3%81%AE%E4%BF%9D%E5%85%A8%EF%BC%88%E7%82%AD%E7%B4%A0%E3%81%AE_1
8) 有田光正編著：生物圏の環境，東京電機大学出版局，2007.
9) 海岸工学論文集　第 49 巻：植物の生長解析モデル（コウボムギ），pp. 506–510, 2002
10) 田村恵介，武村武，有田正光：水温躍層における植物プランクトンの極大層形成要因に関する検討，土木学会第 64 回年次学術講演会，pp. 511–512, 2009.
11) 田中規夫，渡辺肇，谷本勝利，小松原肇：海浜植生コウボウムギの生長および平面拡大解析，海岸工学論文集，第 49 巻，pp. 506–510, 2002.
12) https://www.st.hirosaki-u.ac.jp/_foucault/principle.html
13) 和田明：海洋環境水理学，丸善，2007.
14) 中村倫明，鷲見浩一，小田晃，武村武，落合実：東京湾における放射性物質の濃度分布の再現性向上を目的とした拡散モデルの構築，土木学会論文集 B3（海洋開発），Vol. 77, No. 2, I_877_I_882, 2021.

索 引

〈英数字〉

1/10 最大波 ------------------- 54
KC 数 ------------------------- 100
KD 値 ------------------------- 106
SMB 法------------------------- 61

〈あ〉

アセットマネジメント ---------- 132
後浜 ----------------------- 3, 91
一次生産者 -------------------- 124
移動限界水深 ------------------- 93
運動学的条件 ------------------- 10
エコトーン（推移帯）-------------4
エネルギースペクトル法 ---------- 57
エネルギーフラックス ------------ 23
沿岸域------- 1, 27, 60, 74, 83, 119
沿岸漂砂 ----------------------- 91
沿岸流 ------------------------- 83
オイラー流速 ------------------ 144
大潮 -------------------------- 69
沖波周期 ----------------------- 32
沖波波高 ----------------------- 30
沖浜 -------------------------- 91

〈か〉

海岸侵食 -------------------- 5, 91
海岸線 ----------- 1, 33, 71, 92, 119
回折係数 ----------------------- 44
海浜植物 ---------------------- 135
海浜流 ------------------------- 89
海洋汚染 ---------------------- 139
環境アセスメント -------------- 129

環境影響評価法----------------- 130
換算沖波波高 ---------------- 38, 94
岩礁帯 --------------------------3
岸沖漂砂 ----------------------- 91
気象潮 ------------------------- 78
起潮力 ------------------------- 69
基本水準面 --------------------- 71
強光阻害 ---------------------- 126
屈折係数 ----------------------- 35
グリーンの法則----------------- 81
群波 -------------------------- 18
光合成反応 -------------------- 126
港湾計画 ---------------------- 111
港湾施設 ---------------------- 112
小潮 -------------------------- 69
コリオリ力 -------------------- 140

〈さ〉

最大波 ------------------------- 54
砕波水深 ------------------- 41, 101
砕波帯相似パラメータ ------------ 43
砕波波高 ------------------- 42, 106
砂嘴 -------------------------- 95
サンフルーの簡略式 ------------- 103
シートフロー ------------------- 94
周期 ---------------------------7
周波数スペクトル---------------- 57
消波ブロック ------------------ 106
植物プランクトン --------------- 124
深海波 --------------------------8
水質浄化機能 ------------------ 121
吹送距離 ----------------------- 58
スキャベンジグ効果 ------------- 146
スネルの法則 ------------------- 33
スペクトル法 ------------------- 53

セイシュ ---------------------- 72
生態系 ---------------------- 3, 123
生態ピラミッド --------------- 124
生長解析モデル --------------- 135
生物多様性の維持 ------------- 121
ゼロアップクロス法 ----------- 54
ゼロダウンクロス法 ----------- 54
浅海波 ------------------------ 8
浅水係数 --------------------- 31
相対水深 ---------------------- 8
外浜 ------------------------- 91

〈た〉

代表波法 --------------------- 54
高潮 ------------------------- 78
炭素循環 -------------------- 126
窒素固定 -------------------- 127
窒素循環 -------------------- 127
潮下帯（漸深帯） ------------ 120
潮間帯（沿岸帯） ------------ 120
長周期波 --------------------- 67
潮上帯（飛沫帯） ------------ 120
潮汐 ------------------------- 69
長波 -------------------------- 8
津波 ------------------------- 73
天文潮 ----------------------- 72
東京湾平均海面 --------------- 71
等深線海岸 ------------------- 33
トンボロ --------------------- 95

〈な〉

内的自然増殖率 --------------- 134
波のエネルギー --------------- 20
波の集中 --------------------- 39
波の発散 --------------------- 39

〈は〉

波圧の変化 ------------------ 102
波形勾配 ---------------------- 8
波高 -------------------------- 7
ハザードマップ --------------- 78

波速と群速度の比 ------------- 89
波長 -------------------------- 7
ハドソンの式 ---------------- 106
反射率 ---------------------- 40, 102
ヒーリーの法則 --------------- 41
干潟 ------------------------ 3, 121
微小振幅長面波 ---------------- 7
避難 ------------------------- 77
漂砂 ------------------------- 91
漂着物 ------------------------ 5
広井公式 -------------------- 104
フィリップスの共鳴機巧 ------- 59
風速 ------------------------- 58
副振動 ----------------------- 72
部分重複波 ------------------- 40
プラスチックゴミ -------------- 5
分散関係式 ------------------- 14
分調 ------------------------- 70
平均波 ----------------------- 54
防護 ------------------------ 1, 77
補償深度 -------------------- 125

〈ま〉

マイクロプラスチック -------- 5, 142
マイルズの相互作用機巧 ------- 59
前浜 ------------------------ 3, 91
水粒子の軌道 ----------------- 17
ミチゲーション --------------- 130
無次元係数 C ----------------- 92
モデル ---------------------- 133
モリソン式 ------------------- 99

〈や〉

有義波 ----------------------- 54
有光層 ---------------------- 125

〈ら〉

ライフサイクルコスト --------- 132
ラグランジュ流速 ------------- 14
ラディエーション応力 --------- 88
離岸流 ----------------------- 91

力学的境界条件-------------------- 10
リン循環 --------------------- 128
レイリー分布 ------------------- 55
レベル I 津波 ------------------- 77
レベル II 津波-------------------- 77

著者

鷲見　浩一（すみ ひろかず）（1章, 2章, 6章, 7章）
日本大学　生産工学部　土木工学科　教授

有田　守（ありた まもる）（3章, 4章）
金沢工業大学　工学部　環境土木工学科　准教授

武村　武（たけむら たけし）（1章, 8章）
日本大学　生産工学部　環境安全工学科　教授

中村　倫明（なかむら　ともあき）（5章, 8章）
日本大学　生産工学部　土木工学科　准教授

やさしい海岸環境工学

2024年 5 月 21 日　初版第 1 刷発行

検印省略

著　者	鷲　見　浩　一
	有　田　　　守
	武　村　　　武
	中　村　倫　明
発 行 者	柴　山　斐呂子

発 行 所　理工図書株式会社

〒102-0082　東京都千代田区一番町 27-2
電話 03（3230）0221（代表）
FAX03（3262）8247
振替口座　00180-3-36087 番
http://www.rikohtosho.co.jp

© 鷲見　浩一　2024
印刷・製本　藤原印刷株式会社

Printed in Japan　ISBN978-4-8446-0946-9

MEMO

MEMO